实验性工业设计系列教材

产品与交流·通用设计

吴佩平　周卿　编著

中国建筑工业出版社

图书在版编目（CIP）数据

产品与交流·通用设计 / 吴佩平，周卿编著. —北京：中国建筑工业出版社，2016.5
实验性工业设计系列教材
ISBN 978-7-112-19262-5

Ⅰ.①产… Ⅱ.①吴…②周… Ⅲ.①产品设计-教材 Ⅳ.①TB472

中国版本图书馆CIP数据核字（2016）第059062号

通用设计（universal design）是一种设计理念，是设计历史发展到一定阶段而产生的产物，是人们重新审视自身的设计作为，针对社会问题、经济因素以及技术发展等种种问题进行反思所获得的结论。通用设计理念强调的是任何人都能使用，且任何人都能以自己的方式来使用的优良设计。在通用设计的核心思想里，"通用性"意味着对于建筑、环境、产品使用界面的极致追求，而这种追求体现了"产品面前人人平等"的设计主张。

全书分为五个章节：第一章大致了解"通用设计"的概念以及其发展历史和研究的意义；第二章讲述践行"通用设计"理念需要遵循的原则和标准，并通过直观的案例展示了"通用设计"理念在各个领域的应用；第三章重点讲解践行"通用设计"理念的一些实践方法；第四章讲解的是中川聪先生在践行"通用设计"理念时通过多年的实践经验总结出的一种特定方法：PPP设计评价方法；第五章通过完整的案例讲解践行"通用设计"理念的全过程。

本书可作为广大工业设计专业本科学生的专业教材或辅助教材；对高校工业设计相关专业教师的教学工作也具有较好的参考价值。

责任编辑：李东禧　吴　绫
责任校对：李欣慰　张　颖

实验性工业设计系列教材
产品与交流·通用设计
吴佩平　周卿　编著
*
中国建筑工业出版社出版、发行（北京西郊百万庄）
各地新华书店、建筑书店经销
北京嘉泰利德公司制版
北京建筑工业印刷厂印刷
*
开本：787×1092毫米　1/16　印张：$9^1/_4$　字数：230千字
2016年9月第一版　2016年9月第一次印刷
定价：32.00元
ISBN 978-7-112-19262-5
（28504）

“实验性工业设计系列教材”编委会

（按姓氏笔画排序）

序　一

Foreword

今天，一个十岁的孩子要比我们那时（20世纪60年代）懂得多得多，我认为那不是父母亲与学校教师，而是电视机与网络的功劳。今天，一个年轻人想获得知识也并非一定要进学校，家里只需有台上了网的电脑，他（她）就可以获得想获得的所有知识。

联合国教科文组织估计，到2025年，希望接受高等教育的人数至少要比现在多8000万人。假如用传统方式满足需求，需要在今后12年每周修建3所大学，容纳4万名学生，这是一个根本无法完成的任务。

所以，最好的解决方案在于充分发挥数字科技和互联网的潜力，因为，它们已经提供了大量的信息资源，其中大部分是免费的。在十年前，麻省理工学院将所有的教学材料都免费放到网上，开设了网络公开课。这为全球教育革命树立了开创性的示范。

尽管网上提供教育材料有很大好处，但对这一现象并不乏批评者。一些人认为：并不是所有的网络信息都是可靠的，而且即便可信信息也只是真正知识的起点；网络上的学习是“虚拟的”，无法引起学生的注目与精力；网络上的教育缺乏互动性，过于关注内容，而内容不能与知识画等号等。

这些问题也正说明传统大学依然存在的必要性，两种方式都需要。99%的适龄青年仍然选择上大学，上著名大学。

中国美术学院是全国一流的美术院校，现正向世界一流的美术院校迈进。

在1928年的3月26日，国立艺术院在杭州孤山罗苑举行隆重的开学典礼。时任国民政府教育部长的蔡元培先生发表热情洋溢的演说：“大学院在西湖设立艺术院，创造美，以后的人，都改其迷信的心，为爱美的心，借以真正完成人们的美好生活。”

由国民政府创办的中国第一所“国立艺术院”，走过了85年的光阴，经历了民国政府、抗日战争、解放战争、“文化大革命”与改革开放，积累了几代人的呕心历练，成就了一批中华大地的艺术精英，如林风眠、庞薰琹、赵无极、雷圭元、朱德群、邓白、吴冠中、柴非、奚小彭、罗无逸、温练昌、袁运甫……他们中间有绘画大师，有设计理论大师，有设计大师，有设计教育大师；他们不仅成就了自己，为这所学校添彩，更为这个国家培养了无数的栋梁之才。

在立校之初林风眠院长就创设了图案系（即设计系），应该是中国设立最早的设计专业吧。经历了实用美术系、工艺美术系、工业设计系……今天设计专业蓬勃发展，已有20多个系科、40多个学科方向；每年招收本科生1600人，硕士、博士生350人（一所单纯的美术院校每年在校生也能达到8000人的规模）；就读造型与设计专业的学生比例基本为3：7；每年的新生考试基本都在6万多人次，去年竟达到了9万多人次。2012年工业设计专业100名毕业生全部就业工作。在这新的历史时期，中国美术学院院长提出："工业设计将成为中国美术学院的发动机"。

这也说明一所名校，一所著名大学所具备的正能量，那独一无二的中国美术学院氛围和学术精神，才是学子们真正向往的。

为此，我们编著了这套设计教材，里面有学识、素养、学术，还有氛围。希望抛砖引玉，让更多的学子们能看到、领悟到中国美术学院的历练。

赵阳于之江路旁九树下

2013年1月30日

序　二　实验性的思想探索与系统性的学理建构

在互联网时代，海量化、实时化的信息与知识的传播，使得“学院”的两个重要使命越发凸显：实验性的思想探索与系统性的学理建构。本次中国美术学院与中国建筑工业出版社合作推出的“实验性工业设计系列教材”亦是基于这个学院使命的一次实验与系统呈现。

2012年12月，“第三届世界美术学院院长峰会”的主题便是“继续实验”，会议提出：学院是一个（创意）知识的实验室，是一个行进中的方案；学院不只是现实的机构，还是一个有待实现的方案，一种创造未来的承诺。我们应该在和社会的互动中继续实验，梳理当代艺术、设计、创意、文化与科技的发展状态，凸显艺术与设计教育对于知识创新、主体更新、社会革新的重要作用。

设计本身便是一种极具实验性的活动，我们常说“设计就是为了探求一个事情的真相”。对真相的理解，见仁见智。所谓真相，是针对已知存在的探索，其背后发生的设计与实验等行为，目的是为了找到已知的不合理、不正确、未解答之处，乃至指向未来的事情。这是一个对真相的思辨、汲取与认识的过程，需要多种类、多层次、多样化的思考，换一个角度说：真相正等待你去发现。

实验性也代表着一种“理想与试错”的精神和勇气。如果我们固步自封，不敢进行大胆假设、小心求证的“试错”，在教学课程与课题设计中失却一种强烈的前瞻性、实验性思考，那么在工业设计学科发展日新月异的当下，是一件蕴含落后危机的事情。

在信息时代，除了海量化、实时化，综合互动化亦是一个重要的特征。当下的用户可以直接告诉企业：我要什么、送到哪里等重要的综合性信息诉求，这使得原本基于专业细分化而生的设计学科各专业，面临越来越多的终端型任务回答要求，传统的专业及其边界正在被打破、消融乃至重新演绎。

面向中国高等院校中工业设计专业近乎千篇一律的现状，面对我们生活中的衣、食、住、行、用、玩充斥着诸如LV、麦当劳、建筑方盒子、大众、三星、迪斯尼等西方品牌与价值观强植现象，中国的设计又该何去何从？

中国美术学院的设计学科一直致力于探求一种建构中国人精神世界的设计理想，注重心、眼、图、物、境的知识实践体系，这并非说平面设计就是造“图”、工业设计与服装设计就是造“物”、综合设计就是造“境”，实质上，它是一种连续思考的设计方式，不能被简单割裂，或者说这仅代表各个专业回答问题的基本开场白。

我们不再拘泥于以“物”为区分的传统专业建构，比如汽车设计专业、服装设计专业、家具设计专业、玩具设计专业等，而是从工业设计最本质的任务出发，研究人与生活，诸如：交流、康乐、休闲、移动、识别、行为乃至公共空间等要素，面向国际舞台，建立有竞争力的工业设计学科体系。伴随当下设计目标和价值的变化，新时代的工业设计不应只是对功能问题的简单回答，更应注重对于“事”的关注，以“个性化大批量”生产为特征，以对“物”的设计为载体，最终实现人的生活过程与体验的新理想。

中国美术学院工业设计学科建设坚持文化和科技的双核心驱动理念，以传统文化与本土设计营造为本，以包豪斯与现代思想研究为源，以感性认知与科学实验互动为要，以社会服务与教学实践共生为道，建构产品与居住、产品与休闲、产品与交流、产品与移动四个专业方向。同时，以用户体验、人机工学、感性工学、设计心理学、可持续设计等作为设计科学理论基础，以美学、事理学、类型学、人类学、传统造物思想等理论为设计的社会学理论基础，从研究人的生活方式及其规划入手，开展家具、旅游、康乐、信息通信、电子电器、交通工具、生活日常用品等方面产品的改良与创新设计，以及相关领域项目的开发和系统资源整合设计。

回顾过去，本计划从提出到实施历时五年，停停行行、磕磕绊绊，殊为不易。最初开始于2007年夏天，在杭州滨江中国美术学院校区的一次教研活动；成形于2009年秋天，在杭州转塘中国美术学院象山校区的一次与南京艺术学院、同济大学、浙江大学、东华大学等院校专业联合评审会议；立项于2010年秋天，在北京中国建筑工业出版社的一次友好洽谈，由此开始进入“实验性工业设计系列教材”实质性的编写“试错”工作。事实上，这只是设计“长征”路上的一个剪影，我们一直在进行设计教学的实验，也将坚持继续以实验性的思想探索和系统性的学理建构推进中国设计理想的探索。

王昀撰于钱塘江畔
壬辰年癸丑月丁酉日（2013年1月31日）

前　言

这是一本额外的编著，说“额外”是因为本来这本书原定是陈晓蕙教授编著的，她在日本9年多的留学背景以及多年从事“通用设计以及感性价值”方面的研究经历，对于完成这本书而言是最好的人选。但由于众多原因未能成稿。2012年年底编委会征求是否可以让我完成这本书的编著工作。2014年本系统教材中的《实验的设计心理学》出版后，终于可以全面投入本书的编著工作了。而且非常开心的是周卿老师也加入了编写队伍，她刚刚怀上宝宝，这本书的编写也是伴随着她宝宝胎教成长的过程。原本拖沓的工作成了“三个人”的团队的事情，一下子变得有了生机。7月份周卿老师顺利产下宝宝，同时本书编写的雏形也基本完成。因此，非常感谢周卿老师和她宝宝的参与。

“通用设计”是未来设计发展的方向和理念，是通过设计让全体人类感受到平等和自尊，推进人与人之间的互动交流，真正意义上实现人性关怀，传达人文社会、和谐社会的理念。因此，导入通用设计理念以及了解通用设计的应用方法对于设计教育以及设计实践具有重要的社会意义和推进设计发展的意义。目前，此类图书写得比较全面的有日本的中川聪编写的《通用设计教科书》、美国的奥利佛编写的《通用设计》以及中国台湾的余虹仪编写的《爱·通用设计》，而由于翻译出版等原因，这些书不太容易购买。周卿老师在日本留学期间带回了中川聪的《通用设计教科书》和《通用设计实践》两本日文原著。本书的编写参考了这两本经典图书。另外，周卿老师赴日留学期间，在导师武蔵野美术大学的中原俊三郎教授的帮助与指导下，专门走访了松下电器、三菱电机、日立、东芝等知名日企的设计研究所，向企业内部长期专研通用设计的开发设计研究人员，了解通用设计理念在实际产品开发设计中的评价方法、应用流程。在此，要特别感谢松下电器的细山雅一先生、三菱电机的泽田久美子女士、日立公司的根本隆一老师提供的信息和支持。

对于本书的编著者而言，如果我们的微薄之力能给设计专业师生及设计爱好者带来一些帮助和收获，便算是对我们最大的慰藉了。本书主要应用于教学，借鉴了许多前辈的案例，在此一并谢过。如有任何问题和不恰当之处，也请多多包涵，欢迎批评和指正。

Preface

目　录

Contents

Contents

1

第一章　通用设计概述

本章主要讲述通用设计的概念以及发展历史；重点是了解通用设计和无障碍设计在理念上的区别以及研究通用设计的意义。通过本章的阅读，读者可以对通用设计理念有一个初步的认识以及明确学习通用设计的目标，为后续践行通用设计理念设计展开奠定一个基础。

1.1　通用设计的概念

设计发展到今天，设计新名词层出不穷。从我国最早 20 世纪 80 年代初“工业设计”这个名词引入到现在“交互设计、体验设计、情感设计、数码设计、网页设计、无障碍设计”等各类设计名词不断在耳边萦绕。“设计”作为现代人们规划生活的一种手段和方式，已经充斥在人们日常工作、生活的每一个角落。作为一名专业设计人员，很有必要厘清一下这些设计名词的内涵和意义。

总体来说，可以把这些设计名词归为三个大类：设计功能类、设计方法类和设计理念类。

设计功能类的名词有我们熟悉的工业设计、产品设计、服装设计、环境设计、建筑设计、平面设计、空间设计、展示设计、数码设计、交互设计、首饰设计等。随着社会的发展、技术的进步、人们个性化需求的增强，对设计功能分类趋势会越来越精细、越来越创新，类别越来越多。而设计方法类的名词大致有感性工学方法、设计心理学方法、人机工学方法、移情设计方法、体验设计方法、事理学方法、语言同构设计方法等。设计理念类的名词有通用设计、绿色设计、可持续设计、波普设计、现代主义设计、消费设计等。设计理念类别的名词总是和设计发展历史相呼应的，每一个设计思潮发展关键期就会有一种相应的设计理念应运而生。

通用设计（universal design）属于设计理念，是设计历史发展到一定阶段而产生的产物。通用设计理念的产生与发展也是设计历史发展到一定阶段，人们重新审视自身的设计作为，针对社会问题、经济因素以及技术发展等种种问题进行反思所获得的结论。

陈晓蕙教授在《回归造物的原点》一文中指出：设计理应谋求“通用性”，即一切为人类而创造、为人类所使用的各种设计，都应该无对象界定地适宜于所有的人类群体。也就是说，基于通用设计理念设计出来的产品、建筑、环境是任何人都能使用且任何人都能以自己的方式来使用的优良设计。在通用设计的核心思想里，“通用性”意味着对于建筑、环境、产品使用界面的极致追求，而这种追求体现了“产品面前人人平等”的设计主张。

通用设计在英语中有两个叫法，一个比较多用的是“universal design”，意思是“普遍的设计”；也有人用英国、日本比较流行的术语“inclusive design”。所以翻译过来又可以叫全民设计、全方位设计或是通用化设计。在学术领域“universal design”还被称为“共用性设计”。无论目前中文怎么称呼，“universal design”就是指无须改良或特别设计就能为所有人使用的产品、环境、通信以及一切设计。

在本书中“universal design”统一采用“通用设计”称呼。

1.2 通用设计与无障碍设计

1.2.1 “无障碍设计”对“通用设计”的影响

说到“通用设计”就必须从“无障碍设计”（barrier-free design）、“可接近设计”（accessible design）、“协助型技术”（assistive technology）说起。1930年代初，当时在瑞典、丹麦等国家建有专供残疾人使用的设施，主要是出于人道主义精神，为使残疾人能够平等地参与社会活动和享受就学就业的权利。

“无障碍设计”的理念是为身体残障者除去存在于环境中的各种障碍：比如室内空间的无障碍设计会考虑到建筑入口的坡度范围、走廊过道的宽度、楼梯扶手台阶的标准等诸多便于残障人士的因素；公共环境空间中会考虑到盲道的设置、电梯空间的尺度、照明、噪声等设计标准。“无障碍设计”致力于“移除”残障者因为生理残疾在现实生活环境中所遭遇的种种“障碍”。

1961年，美国制定了世界上第一个《无障碍标准》。此后，英国、加拿大、日本等几十个国家和地区相继制定了法规。我国最早提出无障碍设施建设是1985年3月，当时中国残疾人福利基金会、北京市残疾人协会、北京市建筑设计院联合在北京召开了“残疾人与社会环境研究会”，发出了“为残疾人创造便利生活环境”的倡议，同年4月全国人大六届三次会议和政协六届三次会议上，部分人大代表、政协委员提出了“为残疾人需求的特殊设置建设”的提案和建议。1986年7

月建设部、民政部、中国残疾人福利基金会共同编制了我国第一部《方便残疾人使用的城市道路和建筑物设计规范(试行)》,1989年颁布实施。

在1970年代，欧洲及美国先行提出“可接近设计”(accessible design)，针对肢体障碍人士在生活环境上的需求进行改良设计。当时一位美国建筑师迈克·伯纳德(Michael Bernard)提出：撤除了环境中的障碍后，每个人的感知都获得了提升。所以建立一个更广泛、全面的设计新观念是必要的。

“无障碍设计”这个充满人性关怀的理想目标无疑是正确的。但是，在现实中存在的许多“无障碍设施”在部分地实现功能无障碍的同时，形成了新的心理“障碍”：盲人走道、便于轮椅使用者通行和出入的坡道、厕所、电梯等，当它们被认为是“残疾人专用”的时候，一种认识观念难于逾越的“障碍”就已经生成了。例如残疾人专用的厕所，一个醒目的轮椅标志使得这个空间成为非残疾人不得入内的“禁地”，尽管那是一个具有舒适回旋余地的空间，对于手持大件箱包的人们、携有婴儿手推车的人们，以及有幼儿随行需要如厕帮助的人们，同样具备着良好的适用性。但轮椅标志让他们望而却步；而对于目标对象的残疾人来说，这是一个另置于一般男女厕所之外的专用特设空间，夸张的轮椅标志，与男女标识等同大小，似乎强调着男女之别以外另有残疾一别。接受这样一种特别待遇，其实无异于对自身残疾的一种提醒，难免让人别扭。

美国PVA建筑主管金·贝兹利(Kim Beasley)提出这样的观点：通用设计的思考是不论是否残疾，是从人类的需求出发做出设计回应，是否存在障碍不是设计思考的中心。

不同于以残障人士为主角的无障碍设计，在通用设计世界里，每一个人都是主角。

所以说，通用设计理念的形成从无障碍设计引发，但它并非是认同无障碍设计的理念。相反，“通用设计”理念是为质疑“无障碍设计”理念而产生。从设计思想发展的历史角度来看，无障碍设计理念为通用设计理念的发展提供了一个如何迈向更加符合人性设计的思考背景。

1.2.2 通用设计与无障碍设计的区别

通用设计与无障碍设计有相似之处但又不同。通用设计和无障碍设计都是为了实现使用者能够更便捷、更舒适地使用商品、设施。无障碍设计是发现既有商品、设施等使用不便或无法使用的情况下以消除“障碍”的思考方式展开设计，为无法正常使用普通商品的残障人群或感觉某些商品不易使用的人群“解决问题”。随着高龄者居住环境的改变，现在的无障碍设计也在与时俱进地发生变化，图1-1、图1-2

图1-1（左）
System Chair 1
图1-2（右）
System Chair 2

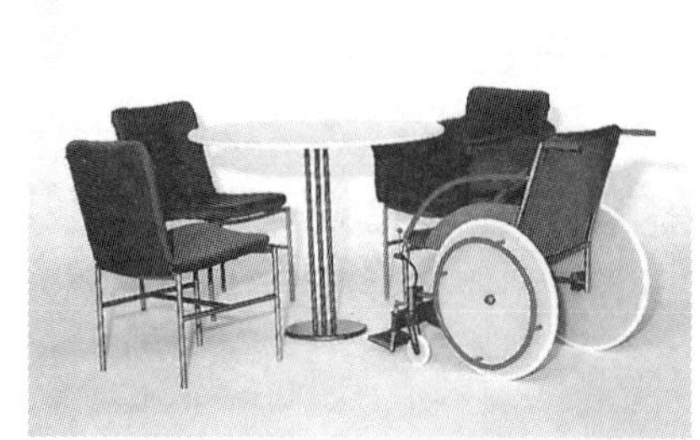

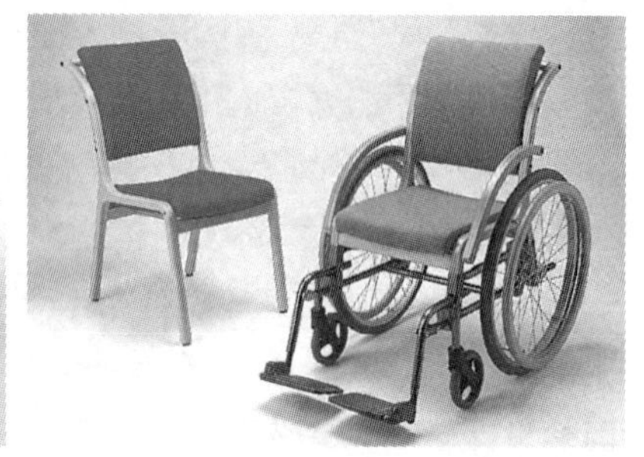

所示“System Chair”是结合座椅与标准轮椅的研发设计：尽可能地打破传统特殊人群专用品或专用设施的形象、改变以往金属材质的冰冷与机械感、和高龄者居住环境相匹配、更有亲和力的轮椅。

通用设计是以多样的使用人群为设计定位，提出“创造型的提案”。其宗旨是为了让不同体能、心理承受能力的使用者在不同使用环境中都可以舒适愉悦地使用；或者说是在现有使用者的基础上尽可能地扩大产品使用人群；同时，让使用者从心理层面产生“想使用”、“似乎很便捷”之类的共感，营造产品使用从身体到心理的舒适体验。

通用设计是基于无障碍设计的理论之上发展起来的，这样的发展历程可以从无障碍设计启蒙较早、通用设计应用最为广泛的日本产品发展历史看到：日本一直是以健全的成年男人为中心发展起来的国家，可是到了二战后复兴期，这样的社会环境对于女性、儿童、高龄者、残障人来说“障碍”变得日渐明显，无障碍设计便是在当时社会背景下，为了减少“障碍”而产生。然而，这样的无障碍设计同时也出现了新的问题，那就是：在现有商品的基础上后期添加无障碍部件不仅提高了产品成本，而且设计本身也不招人喜欢。于是针对这样的现状，逐渐发展出通用设计理念的雏形，也就是在设计之初就以各类使用人群为对象，从满足各类人群的使用目的着手考虑设计。这样的设计不增加产品成本且美观实用，不单为多数人群使用，更考虑到少数特殊人群使用的心理，提升了社会整体的使用满意度。

所以说，通用设计是社会成熟、消费者意识成熟逐步发展的产物。

从无障碍设计演变成通用设计的案例例如打火机的发明：德国在第一次世界大战中，负伤人员与日俱增，其中很多人不幸成为身体残障人。当时的点火工具只有火柴，火柴的使用方式是一只手拿火柴盒，另一只手通过火柴棒的接触和摩擦产生火苗，这必须依靠双手同时完成。为了让负伤、失去肢体的残障人员也能便捷、独立地点火，于是打火机产生了。虽然这是为残障人设计的无障碍商品，但打火机确确实实地为更多的人带来了方便，成为通用设计的结果。

通用设计商品是否成立取决于使用者。如果通用设计商品得以成立，那么该商品一定也实现了无障碍设计的目标。无论是通用设计的“创造性的提案”，还是无障碍设计的“提出问题、解决问题”的思考方式，都是当今社会无法或缺的设计思考方法。

综合上述观点，无障碍设计是“尽可能地避免问题或矛盾的产生”，无障碍设计的视点是发现我们的生活环境或社会行动中产生的“障碍”；通用设计是提出创造性的解决方案，通用设计的视点是以问题的存在为契机，提出崭新的设计理念（图 1–3）。

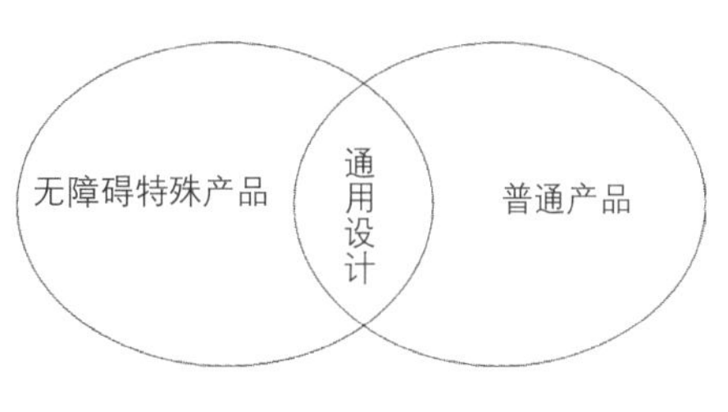

图1–3　通用设计视点图

1.3　通用设计发展

1.3.1　通用设计在欧美

欧美和日本是全球范围内通用设计发展比较领先的地区。通用设计起源于美国。通用设计理念的创始人、美国建筑设计师、工业设计师罗纳德·麦斯（Ronald Mace）在 1974 年创立“无障碍环境”（Barrier Free Environments）设计公司并一直担任公司总经理。罗纳德・麦斯本人由于小儿麻痹症的后遗症导致半身残疾而坐轮椅，妻子也是轮椅使用者。他和妻子原本是无障碍设计的研究人员，但在进行建筑业的无障碍设计中，发现了诸多难以解决的问题。他发现大众建筑和产品大都是以健全的年轻人为标准生产建造的，而在这基础上作无障碍设计的改造需要花费大量的人力物力，提高了制作成本。于是罗纳德・麦斯开始思考为什么不在一开始就建造成残疾人、健全者、儿童、孕妇、老年人都方便使用的建筑呢？ 1985 麦斯发表论文，首次使用“通用设计”这个名称来表述其设计主张，论文中麦斯指出：通用设计就是无追加费用，或是说以最低的费用，让建筑和设施不仅是对于残疾人，而是对所有的人都具有适用功能和魅力的设计方法。这种方法不但能打破“为移动困难人群所作的产品与设计是特殊的、高成本的”既有观念，同时也能使设计不再显得那么粗鲁并且毫无魅力。麦斯明确地表明了自己对于为残疾人群体的专用设计所持的否定态度，并强调通用设计将以“所有的人”为目标对象，从而表明通用设计与无障碍设计不同的设计思考出发点。他表示“通用设计”不是一项新的学科或风格，或是有何独到之处。它需要的只是对需求及市场的认知，以及以清楚易懂的方法，让我们设计及生产的每件物品都能最大限度地被每个人使用。

二战后美国残障人数量剧增，为了能从身体上及心理层面去除这些特殊人群的障碍，1961 年美国标准协会（ANSI，American National Standard Institute）首先提出了保护自由言论权（Access rights）。然后，先后颁布了（1968 年）《建筑无障碍法》、（1973 年）《康复法》、

（1975 年）《残障儿童教育法》、（1988 年）《住宅法》，最后在 1990 年颁布了 ADA 法（The Americans with Disability Act）即《美国残疾人法》，此法律规定禁止歧视残疾人。这说明通用设计的理念也逐步被社会认可。

1989 年由美国国家残疾人康复研究所资助，罗纳德·麦斯在北卡罗来纳州立大学设立了通用设计中心（Center for Universal Design），一方面希望通过设计创新改善残疾人的居住环境；另一方面希望通过推进通用设计实施，展开通用设计的教育和研究，改善所有民众的居住环境及相关产品。1990 年美国通过通用设计教育计划，在全国 25 所高校设立通用设计课程，推动通用设计的发展与研究。

1998 年 11 月至 1999 年 3 月，在纽约的国立设计博物馆举办了最早的以通用设计为主题的“无限制设计展览”。展览在触及设计界限问题的同时，以幽默的方式切入“设计的可能性与道德”，它使人们意识到那些一直被认为是标准产品的东西，其中大部分是以标准化的、健康的年轻人为对象设计的；同时也提示人们应以老龄化社会为契机，重新审视 20 世纪以来的设计追求。

1998 年美国召开第一届通用设计国际会议，之后 2000 年依然在美国举行了第二届，2004 年在巴西举行了第三届。这些国际性会议都围绕如何实施和发展通用设计，构建使用平等的产品和环境。

通用设计的倡导者之一马克·哈里森（1936—1998）生于纽约，是通用设计的奠基人。他在 11 岁的时候因为事故造成自己的脑部受重伤，在恢复期他要重新锻炼自己的一系列功能，比如行走、说话等。康复之后，这段经历给他很大的启发，决心通过工业产品设计来体现为所有人的设计，也就是通用设计。哈里森于 1958 年在普拉特学院（Pratt Institute）获得艺术学士学位，之后在著名的克朗布鲁克艺术学院（Cranbrook Academy of Art）获得硕士学位，毕业之后他在纽约市成为一个自由职业的工业设计师，并且在罗得岛设计学院（Rhode Island School of Design，简称 RISD）教授产品设计，是该校建筑和设计部的主要人物。他在设计教育中强调通过人文科学来丰富学生的知识和修养。他认为必须突出强调人文理论才能够培养出好的设计师来。这一点和大部分院校仅仅注重技巧的训练显然不同，也是他本人在克朗布鲁克艺术学院得到的最大收获。他在罗得岛设计学院期间最重要的贡献就是提出了“通用设计”概念。哈里森根据自己的理解，改进了对设计目的的提法。他将原来的提法是“设计为所有的人”（design for all the people）改成“设计为所有能力水平的人”（design for people of all abilities）。这个改动字面上看起来似乎没有太大区别，然而实际含义差距很大：“所有能力”包括能力衰弱的老年人、能力不足的儿童、能力缺失的残疾人，这个提法是一个概念的突

图1-4
马克·哈里森与他的通用厨房

破。哈里森将此概念结合到罗得岛设计学院的教学中，推广到设计实践中。他成立了自己的设计咨询事务所——马克·哈里森设计事务所（Marc Harrison Associates）。哈里森应用“通用设计”理念做的最著名的设计是叫做“cuisinart”的厨房用食品加工器（the cuisinart food processor）：他重新设计了厨房食品加工器，加大了按钮，使之容易使用；设计了比较大、容易抓握的手柄，并且设计了非常容易看读的面板。这个新设计非常成功，考虑到残疾人，特别是关节有残疾的、视觉微弱的人的使用，得到社会广泛的好评。哈里森晚年时在罗得岛设计学院推出学生参与的设计项目“通用厨房”（the universal kitchen）：项目在通用设计的基础上提出；参与的学生首先要对各种残疾情况进行详细的分析，记录不同类型残疾人在厨房工作的时间消耗情况；再根据调查分析的结果设计一个全新的厨房，所有的空间、设备都达到“使用者亲和”型（user-friendly model）；最后完成一个完全能够为残疾人提供很好工作环境的厨房（图 1-4）。

1.3.2 通用设计在日本

日本是通用设计践行发展比较超前的国家。主要是因为：一方面，日本是人口老龄化问题比较严重的一个国家，据 1994 年统计 65 岁以上的人口比例就已经超过 14%；另一方面，企业和学术机构具有很强的社会责任，他们在产品和环境设计时通常都导入通用设计理念；再者，因为导入通用设计理念的产品可以获得较好的商业效益和社会效益。这种种原因促成了通用设计在日本的研究和发展速度非常惊人。通用设计一词已被社会各界广泛认知和应用。

1990 年代初日本提出与通用设计相似的概念，名为“共用品”。所谓的共用品就是，无论身体有无障碍，尽可能地便于更多人共同使用的产品。共用品设计提倡的理念是不采用特殊的构造，站在不同类别使用者角度，为各类人群提供容易使用的设计服务。这些都与通用设计倡导的理念基本一致。日本同时提出了“共用品”开发的几种方式：

图1-5
花王洗发水瓶的凸点设计

一种是在“普及品”，也就是以健全者为主要对象而设计制造的产品基础上，进行改善设计来达到“共用”的思考方式；另一种则是以特殊人群为主要设计对象展开的“专用品”（比如残疾人、高龄者用品）设计，扩大原本的使用人群范围进行再设计的“共用”思考方式。

在日本的洗发水市场，如图 1–5 所示的洗发水瓶身侧面都必须带有锯齿状凸点的设计已被规定为洗发水瓶身设计标准。通过这样的凸点设计来区分洗发水和护发素，这为视觉障碍者提供了极大的方便；而这样的便捷设计不仅方便了特殊人群，也为普通人带来了福音：为了避免水或洗头泡沫进入眼内，闭眼洗头的人们不再需要在满头泡沫的时候勉强睁开双眼去猜测哪瓶才是护发素。所以说这是无关身体有否障碍，让更多人都能方便使用的通用设计。

类似于上述洗发水的触觉感知设计，日本在许多酒和果汁的容器上，采用图文字写“酒”，或者添加一些盲文的设计，方便所有人可以通过各类感官按照各自的需求来认知商品的类别，如图 1–6 所示。

1991 年日本成立“E & Project”，1999 年更名为“共同品推进机构”，1995 年成立了“通用设计协会”。协会负责通用设计的推广，参与的包括民间组织、教育机构、学术团体、政府和企业。他们致力于通用设计的产、学、研结合来推广和发展通用设计的实施以及通用设计标准的制定等事务。日本非常著名的“优良产品设计奖”（Good Design Award）在 1997 年增设了通用设计奖项，鼓励设计力量朝这方面的努力，更在 1999 年专门举办了“通用设计论坛”。事实上“优良产品设计奖”的评审条目与通用设计的理念有很多共同之处。比如“诚实的设计、有亲和力好用的设计、具备良好的功能和性能、安全性、容易理解的功能和性能、很好地解决了使用者的某些问题”等评审内容都和通用设计的理念完全吻合。结合两者概括地说，他们的共同核心是“尊重人类的多样性”。2015 年“优良产品设计奖”展示会现场有许多通用设计作品。图 1–7 所示的自动贩卖机设计：按钮及操作口按照从上

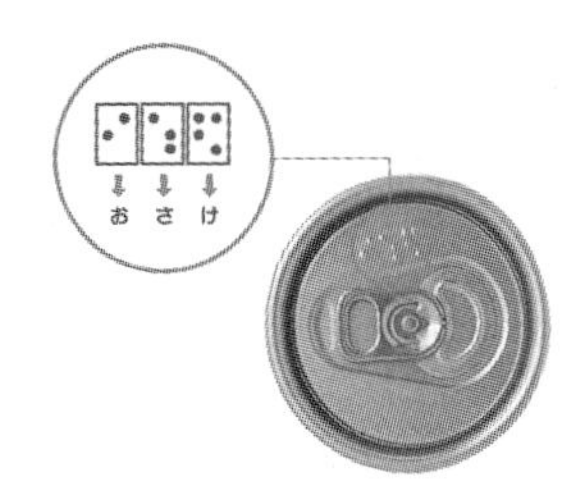

图1–6　带盲文的易拉罐

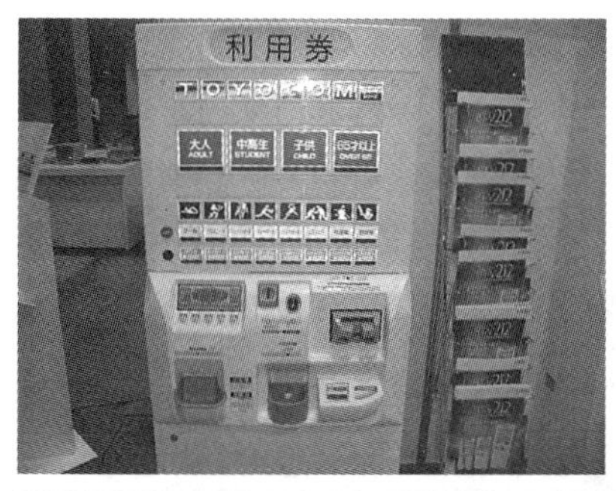

图1-7（左）
自动贩卖机
图1-8（右）
NTTdocomo店铺

图1-9（左）
TOYOTA（丰田）通用设计展区
图1-10（右）
婴儿背带

到下、从右到左的操作顺序井然有序地排列，再加上生动的图文字使得操作变得简单明了；图 1-8 所示的 NTTdocomo 店铺设计：地面的引导线，标识、柜台等的设计都给残障人群带来很大的便捷之处；除此之外，该店铺还提供专业护工接送、手语翻译等服务；图 1-9 所示为 TOYOTA（丰田）的通用设计展示区，展示了 400 件从汽车到生活用品的通用设计产品；图 1-10 所示的婴儿背带设计提供了横抱、纵抱、斜抱、后背八种使用方式，产品操作简单、携带方便，用户可以随时随地享受亲子时光。

日本企业对于通用设计产品的开发与研究都花费了大量的时间和精力。比如松下、三菱、TOTO、KOKUYO 等企业都设有独立的通用设计研发部门；他们同时积极进行民众的通用设计知识的普及和宣传。以家用电器类企业松下品牌为例：2004 年松下公司在东京建立了体验型展示中心，主题是“面向未来，实现梦想”。图 1-11 所示展示中心内设通用设计体验馆；图 1-12 所示为松下集团的通用设计理念和通用设计研究成果；图 1-13 所示为松下集团关于产品设计中提示音的研究成果体验：在我们身边各式各样的家用电器中，不论是洗衣机还是电饭煲，产品提示音的功能是告知使用者当前的操作状况或者运行终始，也能避免错误操作带来的困扰，研究成果展示了不同的提示音给使用者带来的不同心理暗示；图 1-14 所示为松下公司研发的模拟眼镜，呈现的是“容易理解的表现与表达方式”设计理念。模拟眼镜可以体验白内障患者的视觉变化：白内障产生的原因是晶状体代谢混乱，导致晶状体蛋白质变性而发生浑浊或变黄。此时光线被浑浊晶状体阻扰无

图1-11（左）
通用设计体验馆
图1-12（右）
通用设计理念图

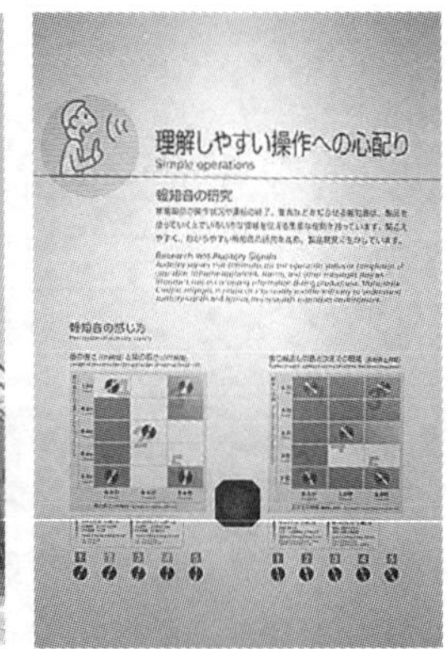

图1-13（左）
提示音研究
图1-14（右）
模拟眼镜

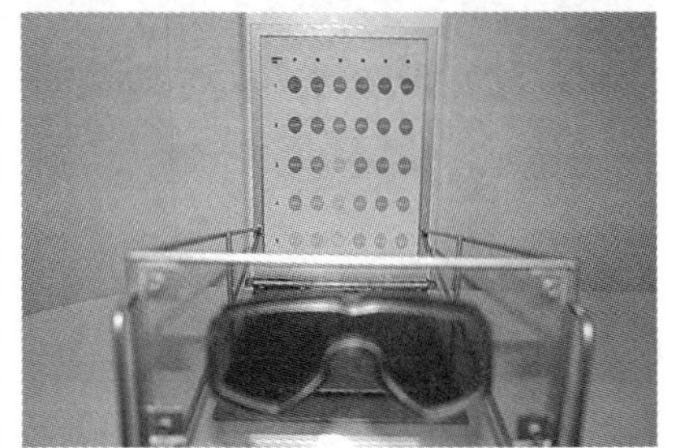

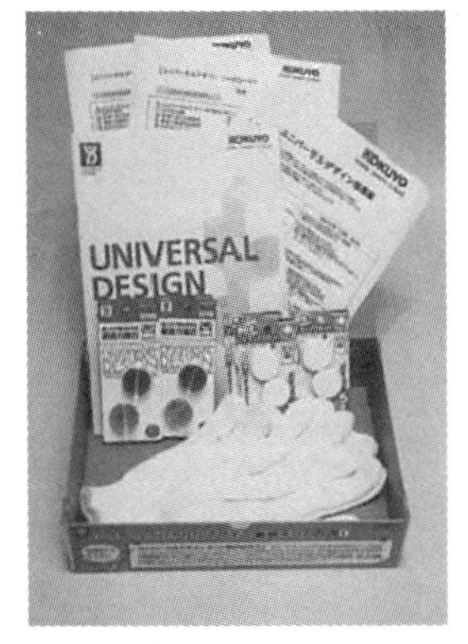

图1-15　体验教学道具

法投射在视网膜上，导致视觉模糊，是任何一位高龄者都无法避免的症状。研究结果显示橘黄色在晶状体的黄浑浊变化中不容易变色模糊；浑浊晶状体容易阻扰短波长光线投射在视网膜上，比如波长较短的蓝色就比较难识别；对于空体字符或者浅色背景认知也存在困难等。

KOKUYO（国誉）是日本最大的文具办公品牌。企业多数产品的开发都以通用设计理念为宗旨：使用更顺手、更轻松、更环保，小孩、老人都能安心使用。KOKUYO（国誉）还专门为中小学生编写了《KOKUYO通用设计教材》（图 1-15），使学生更好地参与中小学通用设计学习的体验教学：图中的强力吸铁石和手套是体验教学的道具；教学中让学生们在了解通用设计的基础知识之后，用教学道具体验不同使用者的行为动作；对比通用设计的强力吸铁石和普通吸铁石的不同之处，然后戴上手套体验在无法自由灵活地活动的状态下反复操作的动作。

以生产卫浴、洁具及相关设备的 TOTO 公司为例。企业一贯追求让用户享受健康、舒适的生活，在通用设计领域的研究与应用亦处于领先位置。早在 1917 年创业时，为了创造更贴近日常生活的用品，就以思考每一个用户的年龄、身体、家族构成、生活方式为前提进行商品提案和开发。在 2006 年设立了独立的通用设计研究所，实施各类专业的通用设计研究活动。1970 年无障碍设计时期，开发了残障者专用坐便器。之后专注于通用设计的产品开发，在通用设计 7 项原则的基础上，根据 TOTO 自身企业文化背景，归纳总结出了 TOTO 通用设计目标的5项原则。特别是高龄者设施方面的产品获得了大众的高度好评。

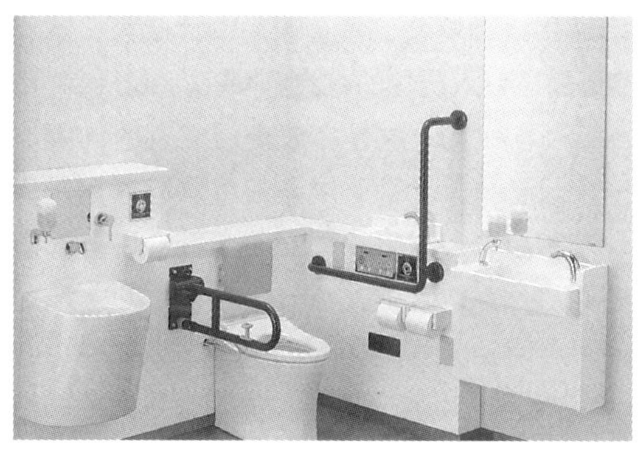

图1–16（左）
多功能洗手间
图1–17（右）
可升降洗面台

图 1–16 所示为多功能洗手间，图 1–17 所示为高龄者可升降洗面台。

日本政府极力推广通用设计，在静冈县、熊本县、爱知县等地方，通用设计的理念几乎家喻户晓。通用设计理念是这些企业进行产品设计开发的基本原则，他们推出 3000 多件不同的通用设计产品进入市场。而这些产品带来良好的经济效益，更加促成了通用设计的推广与实践。

1.3.3 通用设计研究在全球的发展

在其他发达国家通用设计也随着社会和经济的发展而发展。英国于 1995 年开始规划通用设计，到 2004 年开始立法并试图将通用设计理念的范围推广到环境、服务、汽车、消费产品、工作场所等各个领域。英国设计协会也致力于通用设计的推广，将通用设计列为"设计技术"类项目，也就是说通用设计不是在设计时需要思考来选择的一个方向，而是设计的基础。同时提出：未来不单只为身体残障者的各项权利进行立法，还可能为反年龄歧视立法。也就是无论幼儿、老人都将得到同等的关心，这正是通用设计理念中"公平原则"的体现。英国视障国家研究机构、消费者事务国家研究机构和剑桥工程设计中心等国家重要设计机构都同时为通用设计理念的推进展开规划，鼓励企业导入通用设计理念，并展开民众调查获悉他们对通用设计的态度和评价。

有很多专门为推进通用设计理念而成立的机构，这些机构在推进通用设计理念的同时，促进了通用设计的研究和发展。比如：

（1）北卡罗来纳州立大学"通用设计中心"。1989 年最早提出通用设计概念的北卡罗来纳州立大学教授麦斯成立了"通用设计中心"，希望通过设计创新、研究、教育和设计协助来改善环境和产品，协助评估、发展和促进通用设计理念。这里成了通用设计重要的发源地。www.design.ncsu.edu/cud

（2）国际通用设计协会。2002 年日本召开通用设计国际会议，为了延续会议成果成立了国际通用设计协会，希望通用设计成为日本和世界各国的交流渠道，创造更加适合人居住的社会。www.iaud.net

（3）AE（Adaptive Environments）。这是在波士顿成立的国际非营利组织，不间断地举办通用设计国际会议，并与日本国际通用设计协会、欧盟“为所有人设计”基金会以及联合国经济与社会事务部门合作致力于推进通用设计发展。www.adaptenv.org

（4）英国皇家艺术学院“海伦·汉姆林中心”：海伦·汉姆林中心成立于1999年，是英国皇家艺术学院为通用设计的学习而设立的一个研究中心，以“通过设计来改善老年人生活”为宗旨，团队由设计师、工程师、建筑师和人类学专家等组成，与社会实践课题结合展开通用设计的研究。www.hhc.rca.ac.uk

（5）欧洲为所有人设计中心：为所有人（design-for-all）设计中心的宗旨就是“为所有人设计”，通过不定期举办研讨会来宣传和推广通用设计。www.design-for-all.org

（6）共用品推进机构：这是日本在1991年成立的“E & C Project”，1999年更名为“共用品推进机构”。1990年代初期日本首次提出“晴盲共游玩具”的概念。1980年日本汤玛仕公司成立了“障碍HT玩具研究室”，研究宗旨是不要花费额外的成本，直接对一般小朋友的玩具进行改进，让有障碍的小朋友也能玩，这就是“共游玩具”概念产生的开端。1990年，日本玩具协会成立了“共游玩具推广部”，制定“共游玩具”的标识，包装上标有导盲犬图案（拉布拉多）的玩具就是视觉有障碍的小朋友也能一起玩的玩具，并且在1992年由英国、美国、瑞典等14个国家参加的国际玩具产业会议（ICTI）上得到认可，并在这些国家开始推动“晴盲共游”概念。www.kyoyohin.org

（7）通用设计论坛：日本“优良产品设计奖”在1997年增设了通用设计类的奖项，在1999年成立通用设计论坛，协助企业在实际设计项目中导入通用设计理念，并同时发行了“UDF NEWS”刊物。www.universal-design.gr.ip

1.4 通用设计的研究意义

1.4.1 社会意义

20世纪是大量生产“被设计过的人造物”的时代，这些物品对于环境、对于使用的我们带来种种的好处。我们的日常生活已经渐渐地无法抛弃这些人造物带来的贡献和影响。但重新审视设计的本质目的后我们反思：设计理应是配合社会与各种使用者而存在的，当我们生活中充斥着各种并不让人愉悦的设计时，作为设计师和产品开发商有必要去思考设计道德的问题。虽然我们不能理想化地要求人类所设计和制造出来的产品是十全十美、让所有人都感到使用便利舒适，但是“通用设计”理念能做到预先为使用者设想、具有最大弹性和包容性的设计意识形态。

通用设计的出现是时代发展的必然结果，通用设计理念的倡导和发展体现了社会的进步文明，真正意义上体现了社会的人文关怀，是顺应老龄化社会发展的设计需求，是提升企业竞争力的设计武器，是经济文化全球化趋势下的设计发展应答。

在全球人口结构高龄化的社会背景下，在人文关怀、环保问题等日益被关注的全球趋势下，政府、企业、设计界都将通过一系列的政策在产品设计和服务方面作出回应，以改善老年人的生活质量、关注残障人士的生活需求、对孕妇幼儿等特殊群体更加关怀与照顾。而通用设计正是倡导这种富有人性关怀的设计理念，通过产品共用的实现来消除所有人的心理障碍及交流障碍；对老人及残障者的关怀融入“通用”的理念，让他们和正常人能够毫无差别地一起使用，感受到平等和自尊，真正意义上实现人性关怀，通过设计传达人文社会、和谐社会的理念，营造“高科技·高情感”的和谐社会。

人们在追求经济高度成长的状态下构筑了复杂的产业结构，发展出大量生产的模式。在这个过程中，往往错误地将设计和物品的使用者认定为单一形态的对象。比如，通常以“年轻健康的右撇子男性”之类的对象为目标。而通用设计就是针对这种态度模糊的标准化商品开发模式进行的一种文化批判。2004 年日本通用化设计论坛在第四届 UDF 调查《关于生活中的设计问卷调查》中，对生活中的设计、物品、环境和服务的“不满意度”进行调查的结果如图 1-18 所示，可以看出大部分人对于以生产者为中心的设计和物品存在不满。

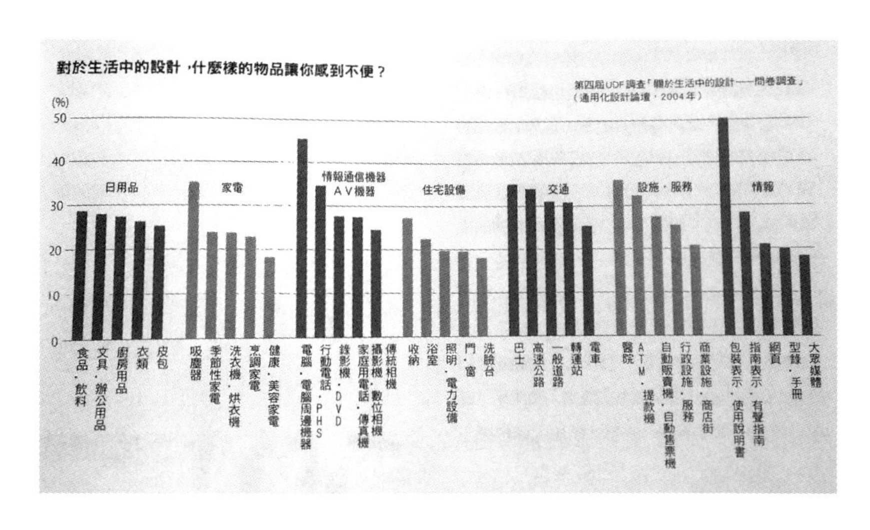

图1-18
关于生活中的设计问卷调查（图片摘自中川聪《通用设计教科书》）

因此，通用设计作为未来社会发展和设计发展的一种重要理念，值得社会、政府、企业、设计师以及所有的普通人去关注和推广。通用设计践行的“人人平等”首先体现了产品和环境人人共享的实现；其次，通用设计更加强调人人共享的同时保证人人受到同等尊重的人文关怀和社会意义。通用设计的本质是尊重每一个人，同时还表明了设计可以担当、应该担当的社会责任。正如美国北卡罗来纳州立大学通用设计中心的研究员莫里·斯多利（Molly Story）所说的那样：通用设计的终极目标是改变社会。重新整合、调适我们周围既有的物、环境、人的关系，让一切为人所用的产品、设施、建筑、环境在人的面前也实现“人人平等”。

1.4.2 个体意义

（1）作为一个普通人，了解通用设计的理念有助于帮助自己、帮助他人提高生活质量。每一个人都会有老去或者身体出现不正常状况的时候；每一个人在一生中都会面对老人。了解通用设计理念，就可以明白在面对现代琳琅满目的产品时可以为自己选择哪些合适的产品；就会思考什么样的环境和空间是适合老人和一些特定人群使用的；就会考虑到哪些东西会对家中的老人、幼儿产生危险和伤害……这些思考为提升自己和家人的生活质量奠定了基础。

（2）作为一名设计师，了解通用设计的理念后，在设计时就会考虑到所有人的需求，因此设计出来的产品将会是更有爱心、更加包容、更加贴心、更能抓住用户的心的设计。

（3）作为企业和制造商，了解通用设计将有助于提升企业形象，得到消费者的信任，扩大并锁定消费群，增加企业经济效益。

以新西兰航空公司以通用设计为理念开发的设计营销为例：新西兰航空公司一直亏损得非常厉害，经过调查发现乘坐该公司飞机的乘客多数都是外国人。由于新西兰是旅游胜地，商务乘客非常少，三五成群的家庭旅行者居多。针对这一用户群体，设计公司以打造全家人都可以舒适使用的环境为切入点，着重在经济舱的座椅上作了一些改动和设计。如图 1-19 所示，他们将座椅设计成一张简易睡椅：首先将扶手设计成可以向后折动的结构，然后将凹陷的座位设计成平躺时舒适的座面弧度；另外，在座位下增添了一个脚踏，将两个或三个并排座位中间的扶手向后，再升起脚踏，就可以变成一张床，可供两名成年人相拥而睡。原先即便是商务舱都只能享受半躺的设施，现在飞行十几个小时在局促的经济舱都可以舒适地休息至新西兰，如图 1-20 所示。这个设计改变让家庭旅行的外国人都非常兴奋，也因为这个设计航空公司的业绩有了突破性的提升，创造了的极高的利润。

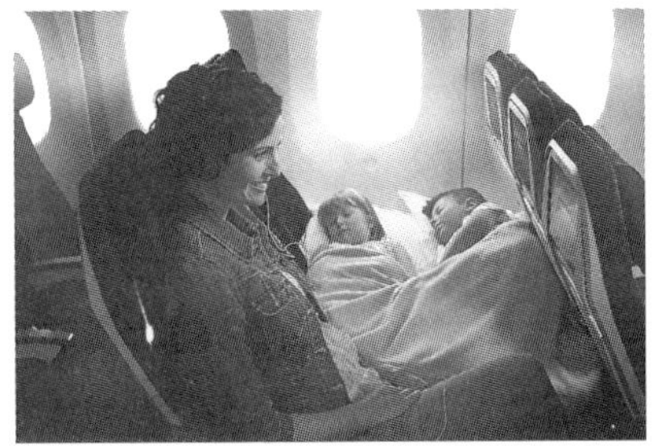

图1-19（左）
新西兰航空公司机舱座椅
图1-20（右）
可变成床的座椅

1.4.3 对中国设计的影响

在中国研究通用设计的意义是什么呢？中国正处于经济急速增长阶段，人们对于产品的要求已经不再停留于仅满足基本功能的阶段。用户也开始追求使用产品时带给身体和精神层面的舒适性、安全性和愉悦感。我们经常在生活中听到这样的抱怨或看到类似的尴尬场景：难以拧开矿泉水瓶盖、无法辨识遥控的操作功能、高跟鞋卡在了排水孔里等，这些抱怨正是人们对于产品性能要求进一步改善的期待。而全球多元化文化和中国文化的融合也是社会发展的必然结果，比如筷子不再只是东方人的饮食餐具，各种生活习惯不同的西方人也开始使用筷子，那么如何让筷子成为从小没有受过筷子使用训练的人们方便使用，都是通用设计的课题，解决了这个课题，儿童、缺乏抓握力的残障人也都能得心应手地使用筷子了。图 1-21 所示的这支名为 Chork 的创意餐具，意为 chopsticks & fork（筷子和叉子），由位于美国盐湖城的一家名为布朗创新集团的公司推出，专门给习惯了使用刀叉的西方人使用。图 1-22 所示的专为手指不方便老人设计的筷子，也可以作为儿童进行筷子使用训练的器具。

（1）中国人口众多且思想文化多元化，扩大消费人群，满足多样化需求的途径就是将通用设计的理念植入企业文化，这不仅可以提高企业的商业形象，从长远的角度更可以为企业赢得广阔的消费群体。因此，当下中国市场经济下的企业在开发产品时需要不同人群来参与

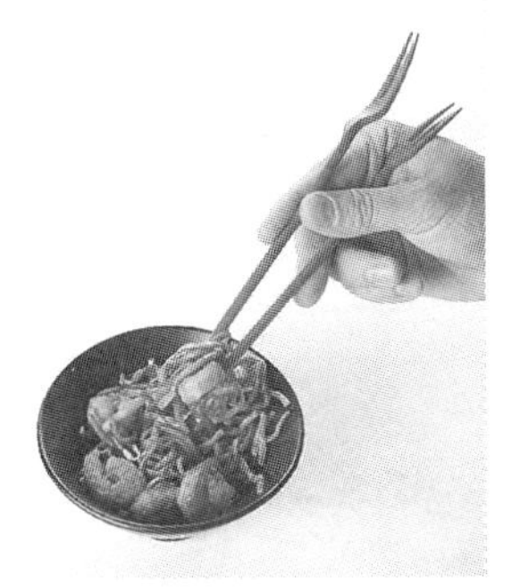

图1-21
chopsticks & fork

图1–22
通用设计筷子

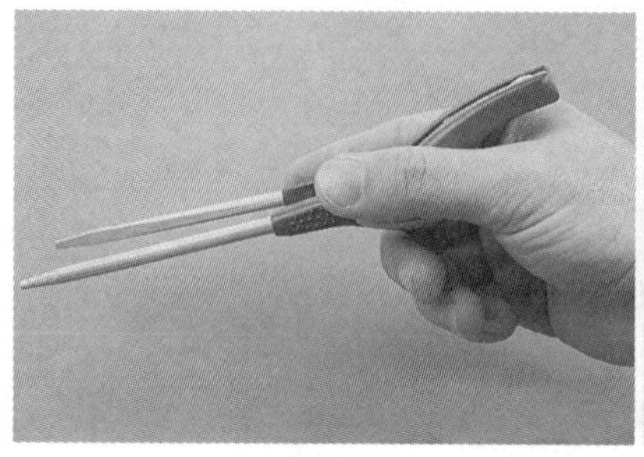

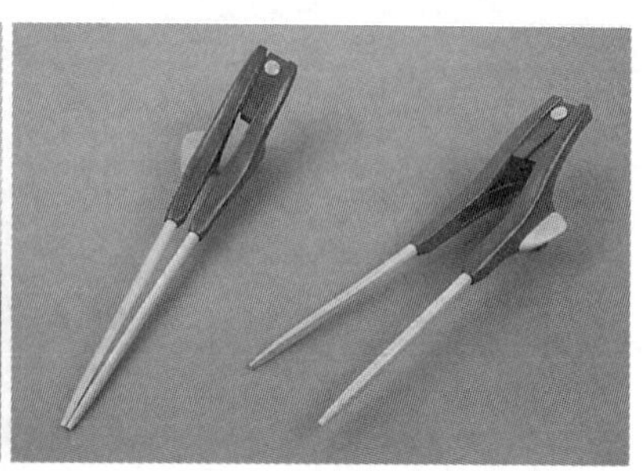

产品评价，和专业研究人员共同验证，在不断的尝试和改善下，最终的设计产品才能做到维护各类消费者的自信，提升不同层面的消费者的使用欲望。

（2）中国已经面临着越来越严重的人口老龄化问题。所谓“老龄化社会”是指 65 岁及以上的人口比率超过了总人口的 7%，实际上中国在 2001 年就已超过这个比率，步入了老龄化社会。并且这个比率正不断加速增长，截至 2008 年年底，全国 65 岁及以上人口 10956 万人，占总人口的 8.3%。根据联合国的人口统计数据，中国社会科学院财政与贸易经济研究所 2010/2011 年的《中国财政政策报告》指出，中国将在 2024~2026 年前后 65 岁以上的人口比率超过 14% 进入“老龄社会”，到 2030 年中国将成为世界上第一个步入“老龄社会”的发展中超级大国，如图 1–23 所示。在人口构成发生变化的同时，原本的生活用品、产品服务的定位也会形成各式各样的障碍。产品不再是只以年轻健康人群作为衡量标准来设计。即便年龄、身体机能不同也不会产生使用不便的通用设计理念将是设计发展的必然趋势。但这并不仅仅是在设计时把文字放大，界面拓宽就能解决的问题，根本的技术和设计创新或改良才是通用设计的本质所在。为群体众多的银发族创造安心舒适的社会环境已经迫在眉睫。

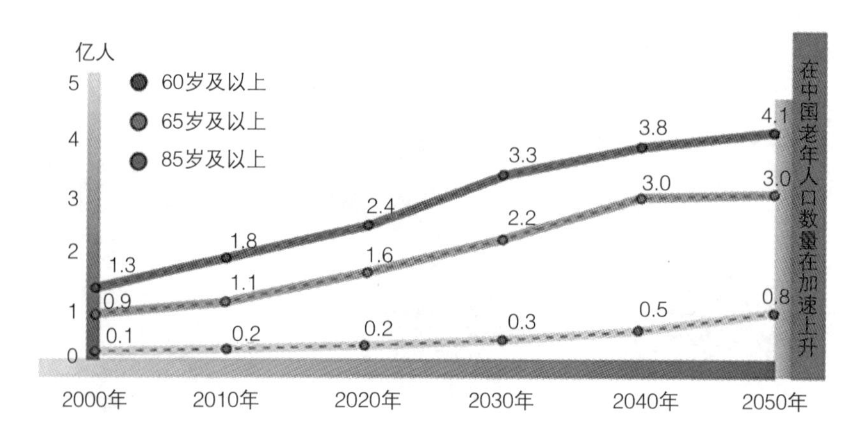

图1–23
中国老龄化趋势图

第二章　通用设计基础

本章主要讲述践行通用设计理念需要遵从的设计原则，包括七大基本原则以及三项附属原则。第一节对各项原则的具体要求以及相应案例展开较为细致的讲述，这也是学生必须了解和掌握的重要知识点；第二节列举了几个面向通用设计可展开定向调研的特殊群体；第三节主要了解全球范围内不同国家和地区对通用设计实施的标准；第四节列举了在不同设计领域通用设计理念应用和实施比较好的一些设计案例。通过本章的学习，基本已经做好了展开通用设计实践的准备。

2.1　通用设计原则

20 世纪 90 年代中期，以朗・麦斯为首的一批建筑师、产品设计师、工程师、环境设计师、研究人员一起为“通用设计”制定了七项原则。他们称这些原则为“通用设计指南”，其目的是为了指导包括环境、产品和传达设计在内的各个领域进行有效的通用设计实践（原文：the design of products and environment to be usable by all people，to the greatest extent possible，without the need for adaptation or specialized design）。

这七项通用设计原则要求如下。

1. 平等使用（equitable use）

也可以叫做公平性原则。此原则传达的含义是“设计是给所有的人用的，如果某些人用这个设计不方便，就违反了平等使用的原则了”。设计对于不同能力的人们来说都是有用而适合的。在我们所居住的环境中，每个人的能力与条件或多或少都有些差异，这项原则就是在于这点考虑，期望产品都能适用于各种能力与条件的使用者。

每一个人从身体到心理都存在不同程度的差异，为了实现公平使用原则，一种方法是尽量让不同身体能力的多数人可以平等享用相同的物品和环境；另一种方法是配合不同身体状况准备不同尺寸和功能以备选择使用。而通用设计理念诠释的是希望在设计和生产时既要尽量减轻使用者身体的负担也不能让使用者在心理上感受到不公平。因此，要在设计上巧妙地展现平等意识，最好的办法就是去和各种使用者接触、对话，扩展对于使用者的认知和了解，去思考人们在什么样的环境下会感受到平等、会去思考平等。因为当人们意识到平等问题的时候说明已经在某些状态下遭遇到了不公平对待，所以在设计时应该提前考虑把“平等”当成面对产品和服务时一种必要的常态意识。

平等使用设计原则在实施上的指导细则为：

（1）所有人都可以尽量平等地去使用。如图 2–1 所示的感应自动门的设计；图 2–2 所示的集图案、文字和盲文共同标示的标识。

（2）排除差异性。不管什么人，在使用物品时都不会感受到差别待遇或觉得不公平。对环境和物品产生差别待遇有两种情况：一种是一开始就感到差别性；另一种是在使用过程中逐渐开始感到差别感，比如看到别人使用时才发觉自己的不同，或者是到了夜晚或雨天才发现使用起来和别人存在不同。因此，这条原则强调设计者除了考虑使用者不同的身心条件以外，还要考虑到各种使用环境的问题，并针对问题进行解决，以避免产生差别感。最高境界的设计是能做到不但去除所有的障碍，而且令人感觉不到去除障碍的痕迹。在设计和创作物品时，如何构筑出不会产生差别感的设计方法是通用设计重要的目标。这种差别感可以分为“在公共场所和社会交流中、在与其他人比较下产生的差别感”以及“没有比较对象，只是觉得自己无法使用的内在差别感”。不管是哪一种，都需要通过和各类使用者进行深入的沟通获知他们内心的想法。图 2–3 所示的丹尼尔·奈尔（Daniele Nale）设计的“通用设计”手表，加大的按钮、醒目的颜色，为弱视和手指功能障碍人士提供了方便，超大的数字为视障者带来了便利，但是和普通手表没有任何差异，反而像是一种时尚设计手法，完全不会产生差别感；图 2–4 所示的轮椅可以进入的更衣室，宽敞的空间可以保障轮椅使用者自由进入并进行试衣，看起来只是更加舒适宽敞的试衣间设计，完全不会有差别感。

图2–1（左）
感应自动门
图2–2（右）
通用标识

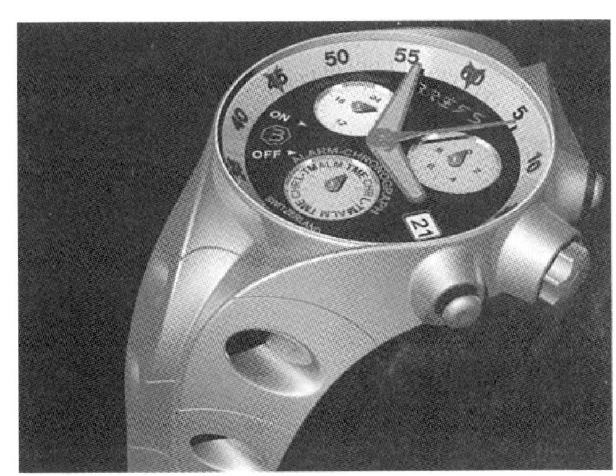

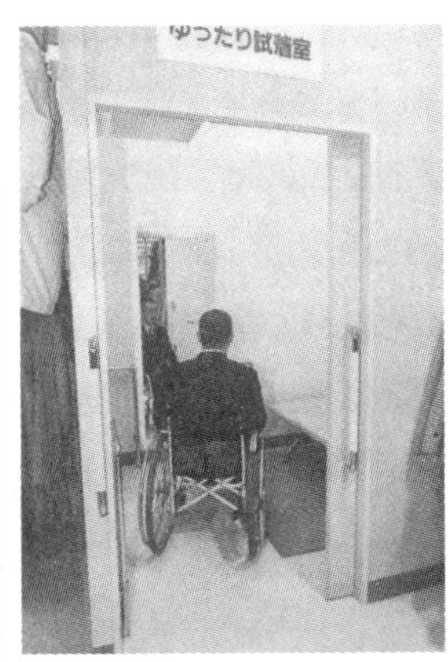

图2-3（左）
丹尼尔·奈尔设计的手表
图2-4（右）
通用更衣室

图2-5
通用小便池

（3）对于无法使用和他人相同物品的人们，准备可供选择的物品以备选择使用。尊重个人意愿是社会文明的标志。单一产品要让所有人觉得使用方便是比较理想化的，因此最好的应对方法是准备好各种选择项，每个人都根据自己的意愿进行选择使用。多样的使用手段不但可以让使用者的自由、平等感与社会公平性得到保障，更是产品品质保障的必要因素。图 2-5 所示的三种高度的小便池，考虑到身材较矮小的成人以及儿童的需求，大家都能够选择适合自己的便池使用。

（4）消除使用者的不安，不会担心被另眼相待。任何一个使用者都不会希望在产品的使用体验过程中被无形地贴上一个特殊的标签，在众目睽睽下告诉人们"他"是存在某些生理缺陷的。这样做会让他们接收外界不必要的异样眼光，他们会因为受到过度的关注而产生不安和紧张。因此，通用设计的这个原则是在设计时消除这种刻意的"设计"，真正对使用者的关怀体现在让有身体残障的人士和别人做相同的事情，不让他们遭受到来自外界不必要的干扰而轻松自在地使用产品。图 2-6 所示的标注有残疾人厕所标识的厕所，因为其刻意关注的独特性，往往不受欢迎；而图 2-7 所示的日本多目的厕所，因没有特殊标

图2-6
无障碍厕所

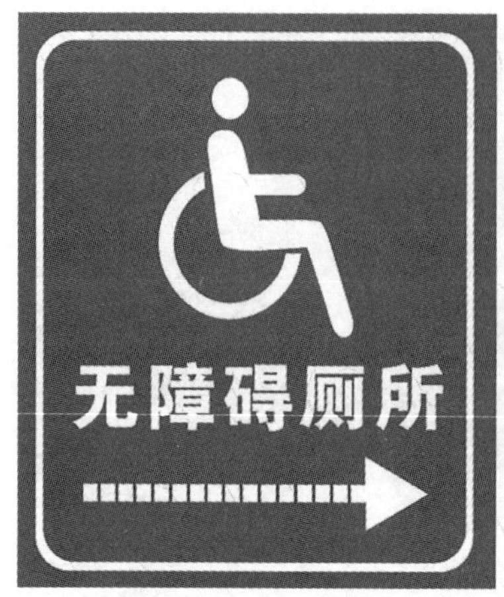

图2-7
通用厕所

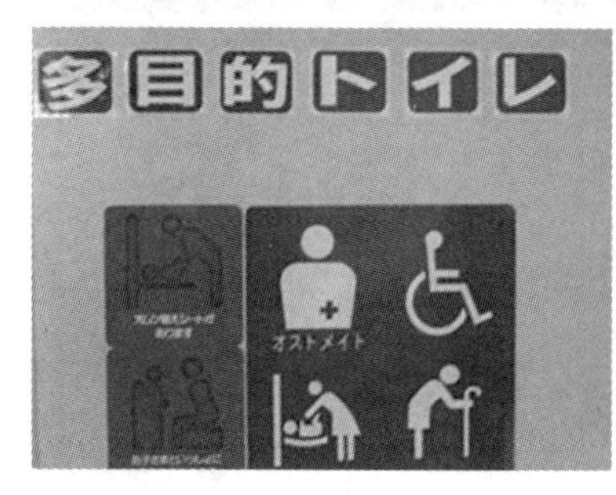

识而满足所有人的舒适使用需求，备受大家喜爱。

2. 弹性使用（flexibility in use）

也叫使用可变性原则，就是说设计的物可以同时适应不同个体的意愿和能力，即使是具有类似条件的人们，因为不同的生活环境与背景，也可能养成不同的习惯，因此在设计上让产品变得更有弹性，提供各式各样的使用方法以应答不同的需求或习惯。

弹性使用在设计实施上的指导细则为：

（1）使用方式的自由，也就是物品有各种使用方法并且能让人们自由选择如何使用。使用方法只存在简单的规则，各种不同身心、能力的人都可以找到自己适应、舒适的操作方法是很重要的通用设计原则。所有物品都存在许多隐性的使用可能，但是对于使用者而言，一开始被告知的方法可以成为多数人保持一生的习惯，往往成为判断物品使用性优劣的关键。比如孩子从小拿筷子、拿勺子等使用习惯。物的可操作性（Userbility）是用来衡量物品在使用性上的开放性和自由度的，高度开放和自由的操作性表示设计的物提供给使用者无限的空间，每一个使用者都可以找到属于他自己的使用方法。通用设计的目标就是提供给更多样的使用者更高度的操作性。比如图 2-8 所示的板块式的乐高积木，从幼童到老龄者，只要记得简单的组合方法就可以享受到各种创作成果的乐趣。

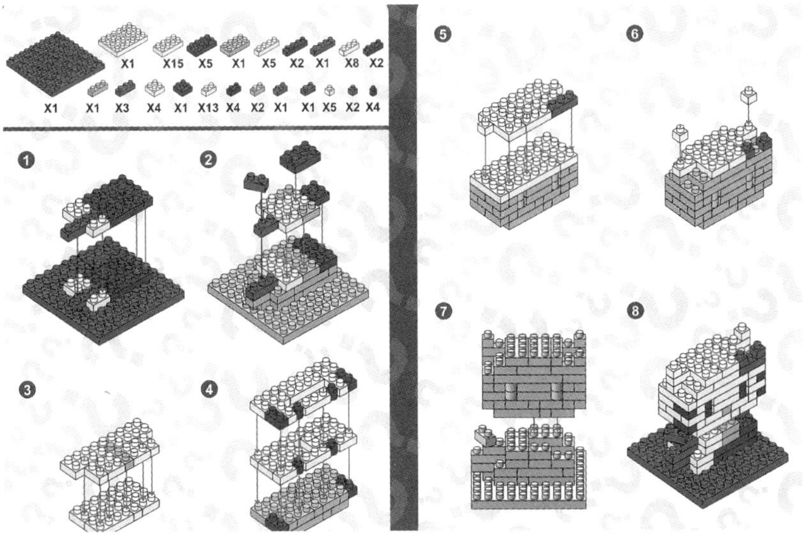

图2-8
乐高积木

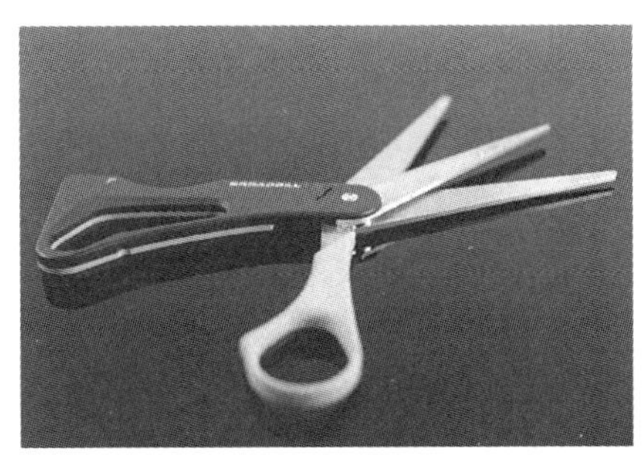

图2-9（左）
通用鼠标
图2-10（右）
通用剪刀

（2）同时考虑各种使用习惯的人，比如左撇子的使用方式等。通常人们习惯依赖自己惯用的那只手，而现在大部分商品也都是根据右撇子的习惯而设计。所谓左撇子，本身只是一种生理习惯，却往往遭遇物品使用上的不公平对待。因此，设计师应该兼顾左、右撇子的使用行为。而左、右撇子的行为也不是仅仅指手，还包括从眼睛、脸部到脚的同一体系的平衡感上。如图 2-9 所示的左右手通用的鼠标、图 2-10 所示的左右手通用的剪刀。

（3）紧急状况下也能正确使用。一旦碰到紧急状况，人们会无法顺利展现平时的动作能力，因此环境和物品道具的设计必须能避免让使用者手足无措，这样就可以避免危险和事故的发生，也可以减轻使用者的精神压力。在践行通用设计原则时设计师应该意识到要从事物与人互动时存在的“良性互动”与“非良性互动”两种状态同时着手考虑。图 2-11 所示为可根据使用者的节奏自动调整速度的跑步机，避免了事故危险的存在，能让使用者非常安心。

（4）在不同环境下能同样适用。人们的生活环境呈越来越多样化的发展态势，设计在不同的居住和工作空间、在遇到灯光黑暗、下雨等环境变化的情况下依然能很好地使用的产品是通用设计践行的重要

图2-11（左）
自动调整速度的跑步机
图2-12（右）
自发光电脑键盘

图2-13
复杂的投影仪

原则。环境、物品与使用者之间的关系在现实生活中不断发生快速变化，因此在设计的时候可以通过在各种实际环境中进行物品的使用实验，获知使用者的反馈信息。图 2-12 所示在黑暗环境下能够发光的电脑键盘，就是根据用户在熄灯后发现无法正常使用普通键盘而产生的通用设计产品。

3. 简单且容易理解的设计（simple and intuitive）

也叫简单直观原则，就是说无论使用者的经验、文化水平、语言技能、使用时的注意力集中程度如何，都能容易地理解设计物的使用方式。

简单易理解设计在实施上的指导细则为：

（1）去掉不必要的复杂细节。尽量去除产品在外观、使用方法和构造上会混淆以及引起使用者误解的一些复杂设计。任何工具和物品的基本功能就是"辅助人们达成目标的手段"。然而随着各种技术的发展，工业产品和物品的功能日趋复杂。很多生活用品需要经过特别的指导和学习才能使用，虽然很多使用者具有相当的学习和认知能力，但是过于复杂的产品带给使用者很多不安的因素或者干脆让使用者拒绝使用。因此，在软硬界面设计之前，充分了解不同产品对应不同使用者应该具备哪些功能、使用者对于复杂性的适应能力怎样是必要的步骤。图 2-13 所示的类似于投影仪的一些电子设备的设计，过于复杂的操作界面和接口往往让使用者迷惑。

（2）与用户的期望和直觉保持一致。想要正确引导使用者的行动以达成目的，就必须对使用者的预期反应作调研。也就是对于各种物品使用者会如何理解，又会采取什么样的反应与行动。一般可以采取试验的方法，让不同的人在不同环境下无条件地对产品进行预测与使用，往往能发现很多意想不到的问题点。在日常生活用品中可以采取这样的方法，在开发伴随危险操作的仪器设备时，仔细观察使用者的各种预期和反应显得更加重要：在操作某项任务时产生什么样的直觉反应？他们是如何回避错误以及适应任务的？

（3）一目了然的操作界面是成功的开始。如果因为完成一个任务需要花费很多功夫去找到相关的操作部分，这无疑会给使用者带来很大的困惑。因此，将操作顺序用简单明了的方法标示出来非常重要。图 2–14 所示为购票操作说明和指示。

（4）使用时各类操作有提示和反馈实现人与物之间的沟通。在产品使用过程中，能通过产品的提示明确知道自己正在哪一个任务阶段；产品有反馈让使用者明白操作是否在进行以及操作得是否正确。比如一些手机产品的声音提示按键顺利、固定电话没搁置好会发出持续的警报声、在进行一些高强度操作仪器时绿灯提示操作成功而红灯表示操作失败或者警报声提示操作过时或失败，这些提示和反馈能够成为使用者和物品的沟通桥梁，提供愉悦的使用体验和安全的使用保障。

（5）用容易理解的方法告诉所有的人，包括产品的使用方法以及产品的功用性能。比如用户在使用从未见过或从未使用过的产品时，一定有一个学习的过程。因此，使用者的能力将会决定产品的使用难易程度。而这项原则就是期望导入通用设计原则，降低学习难度、缩短学习时间，让没有经验、学习能力不同的使用者都能够轻松掌握产品使用方法。一般来说，可以通过使用图像、颜色等容易理解的辅助信息，结合用户的其他产品的使用经验来引导用户；如果产品操作上有一定的复杂度，还可以加上易懂的文字与图标说明，协助使用者快速理解。例如，利用色彩的使用经验、心理感受：比如蓝色一般不会用在食物设计中，因自然界中就没有天然存在的蓝色食物，蓝色是没有食欲的颜色；而红色、黄色会给人危险的感觉，因为自然界中很多有毒的生物表体的颜色就是如此。还有最常见的饮水机的设计，利用所有人日常生活中红热、蓝冷的使用经验，将热、冷出水龙头设置成红、蓝色，这样无论是有没有使用过此类产品的用户，无论年纪大小，都可以正确使用（图 2–15）。

4. 所有感官都可接收到清晰的信息（perceptible information）

也叫做信息可视原则，就是说无论环境状况以及使用者的感知水平如何，设计物都能有效地将必要的信息传达给使用者。

此原则在设计实施上的指导细则为：

图2-14（左）
复杂的购票操作界面
图2-15（右）
明确的冷热标识

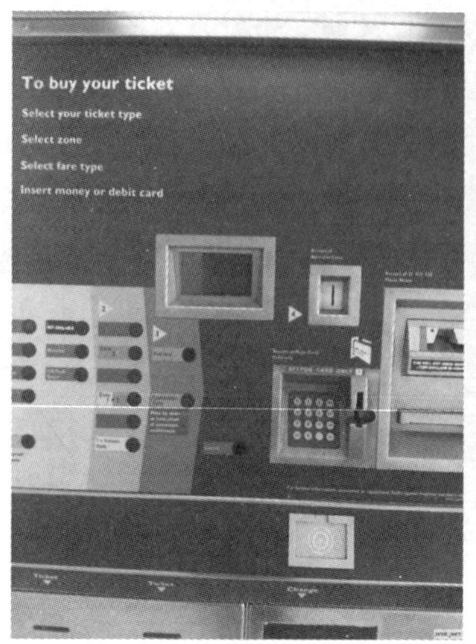

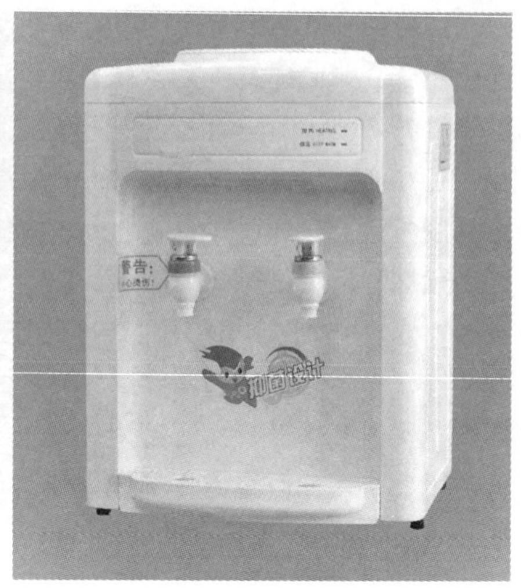

（1）认知手段的可选择性及可能性。也就是为重要的信息提供不同的表达模式（图像的、语言的、触觉的），确保信息能通过各种渠道传达到用户感知系统。视觉、触觉、嗅觉、听觉等感官同时能够接收到信息，这样无论是哪个感官有所遗漏都可以接收到正确的信息。如可发光的门铃，在听觉缺失的状态下，能够通过反应的灯光看到有客来访的信息。

（2）在使用前将重要的信息以容易理解的方式告知。一些使用不是一目了然的产品可以将产品各个部分按照配置、色彩、形状等结合使用构造进行标注和说明，强化重要信息的可识读性。在智能化、数字化、信息处理能力强大的今天，这条原则显得尤为重要。虽然手机、家用电器等智能化设备的功能正在不断更新，但这些不断更新的操作模式和新功能信息的不断增加，有时反而降低了用户的使用效率。因此，对于产品信息传递的方式、途径的设计直接影响到用户操作的安全性、有效性。清晰、准确而有效的信息传达设计能够提升用户对产品的满意度。

图 2-16 所示为松下公司洗衣机的触摸式液晶屏幕的界面设计。蓝色的液晶屏幕设计可以帮助用户即使在光线昏暗的使用环境下，也可以清晰地读取到界面信息。图 2-17 所示操作信息除了文字以外还配上图文字的应用方法，就是一种提供多种途径将信息传达到用户的手段，增强了信息的可识读性。另外，将重要信息的“返回”键独立设置在界面右侧，帮助用户在误操作后能从容地回到上一个操作画面。图 2-18 所示的洗衣时间变更方式为推拉移动式，图 2-19 所示为时间预约的调整，图 2-20 所示为水温的选择。根据不同的操作内容，数字的调整、选择、设定的操作方式都不同。而且数字的显示大小、

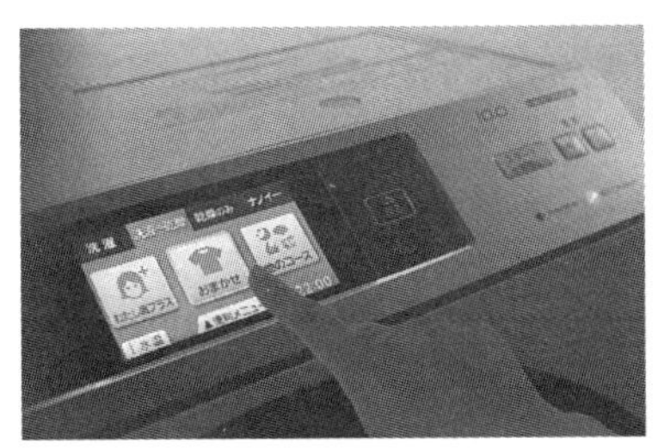

图2-16（左）
触摸式界面设计
图2-17（右）
方便的返回操作界面

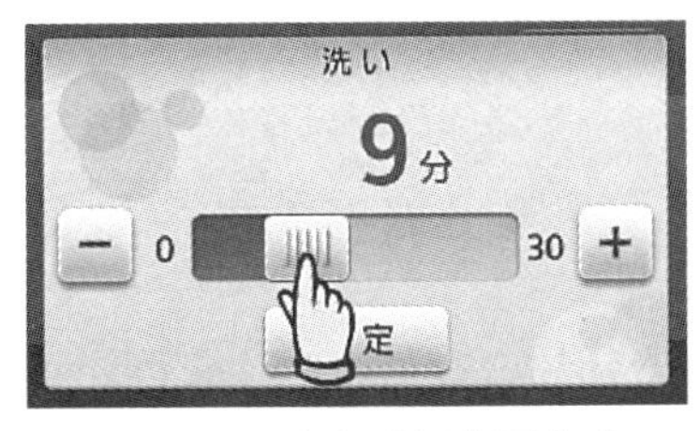

图2-18　洗衣时间变更方式

图2-19　时间预约调整

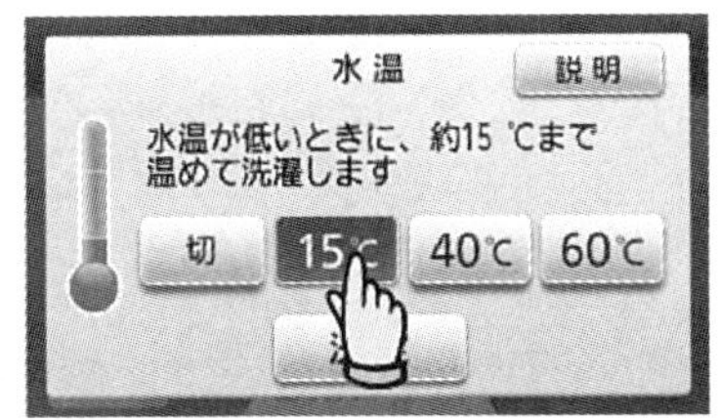

图2-20　水温选择

排列都能让用户清楚地区分。

5. 对错误的承受度（tolerance for error）

也叫容错性原则，就是说设计物应该降低由于偶然动作和失误而产生的危害及负面后果。在设计实施上的指导细则为：

（1）有防止事故发生的基本构造与组成，在操作时即使弄错了也不会导致意外发生。

（2）隐藏会导致危险发生的构造因素。比如自行车链覆板就是事先考虑到裤腿可能会卷进链条而做的安全设计：把链条用覆板隐藏起来。

（3）设计了保障安全的最后一道防线。也就是万一使用者犯了错误也能确保安全。作为使用者发生错误或操作上的失误总是不可避免的，因此应该事先考虑到如何将错误发生后造成的伤害降到最低，以及同时考虑到不波及第三者以及周边环境的一些对策。在现实生活中，比如汽车安全带、安全气囊、侧车门的防护杆这些都是这样的设计。如图 2-21 所示。

（4）最后一个保证了好用方便的设计是就算发生错误、操作失败，也能回到原来的状态。例如计算机软件的“undo”功能，就是最典型

图2-21
安全设备

图2-22
undo操作

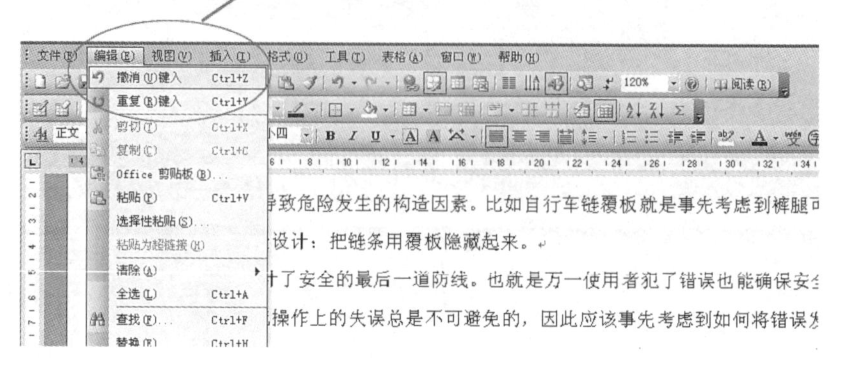

的返回正常状态的设计，这样既可以减轻使用者在每一个步骤都要战战兢兢地承受避免犯错的压力，也能够在错误发生时迅速地回复到上一个状态，是一项让使用者安心的通用设计。如图 2-22 所示，“undo”基本上是任何软件都配备的一项操作。

6. 尽量减轻使用者的负担（low physical effort）

也叫低体力消耗原则。每一个人的体格都不一样，因此身体承受的使用能力就不一样，因此设计物应当能被所有人并且用各种姿势都能有效而舒适地使用，降低疲劳。在使用某些产品或生活设施时，往往要施力才能完成操作，例如转动门把来完成开门的动作、按下开关使电灯亮起或熄灭。然而，人类的体型与肌力不一，某些动作对于一般人看似简单，但是就少数人而言，却未必是件轻松的工作；此外，有些时候我们并无法以双手净空的状态去执行这些动作，像是双手抱着物品开门或开灯，相对也就无法负荷足够的施力，因而操作困难。就通用设计的立场而言，“省力原则”就是在设计上要让使用者轻松而不费力地完成操作，例如自动门就大大地改善了手把式或推拉式开关门的缺点，即使双手抱着物品，也能轻易进出；触碰式的电灯开关也把按下、推上的动作简化，达到省力的目标。

在设计实施上的指导细则为：

（1）允许使用者用最自然的姿势使用。每一个身高、年龄、胖瘦不同的人，他们使用物品的方式都会不同。而对于使用者来说到底哪种姿势和体态最自然舒适，这很难主观地下结论。在设计时取不同使用者的平均值展开设计是无法应对所有人的需求的；而如果产品有较灵活的对应性，能够改变形状对应使用者需求，或是有多种使用方法可供选择，将会是更贴心的设计。比如图 2-23 所示的可调节的儿童桌，因应儿童的各种行为可以调整座椅的就座方式和高度。

（2）使用时不需要重复之前的动作，尽量减少重复动作的次数。在使用产品时，哪些是无意义的、与使用行动没有关联性、没有用处

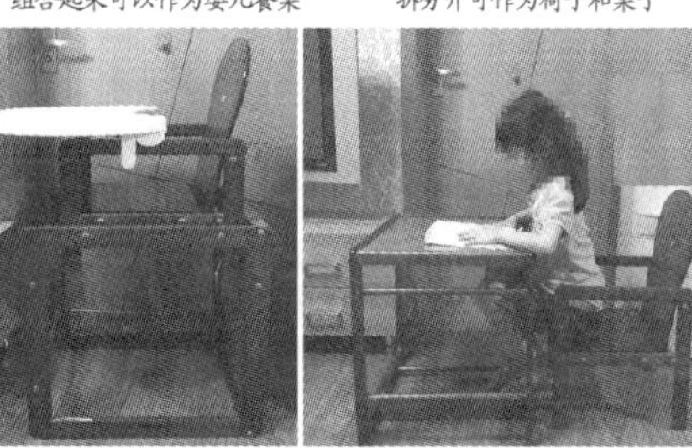

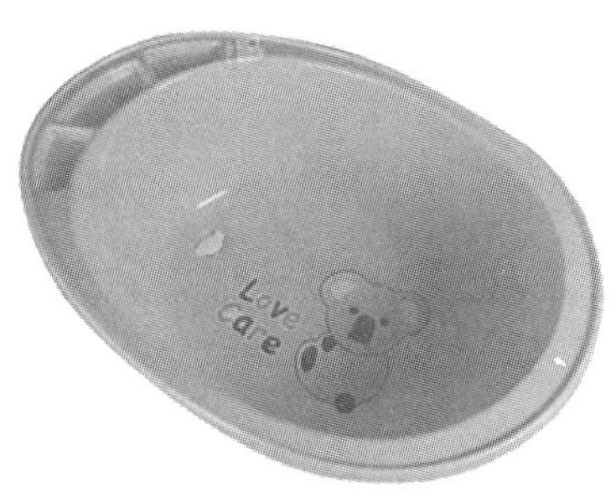

图2-23（左）
多用途儿童桌
图2-24（右）
方便出水的盆底水塞

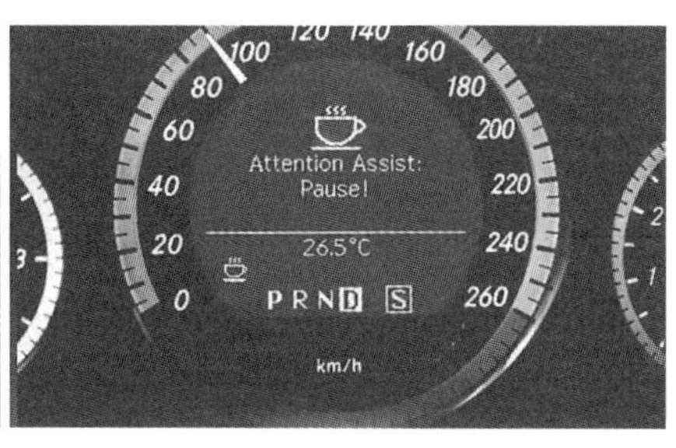

图2-25
防疲劳驾驶设备

的动作呢？一般使用者在使用产品的同时也是一个学习和了解产品各功能的过程，这个过程带给使用者乐趣。如果不存在这个学习趣味过程，操作就显得没有意义。比如电话重拨功能的设计就是为了减少无意义的拨号动作；卷尺使用后自动弹回就是减少回卷这个无意义的动作的设计。

（3）不给使用者造成身体上的负担，使之用很少的力就能完成使用。比如生活中常见的千斤顶的设计。还有如图 2-24 所示的儿童洗澡盆设计：传统的婴儿澡盆在使用完毕后，必须将澡盆抬起并向侧边翻动，才可将盆内的水倒出，在独自一人照顾婴儿的状况下，费力且很难完成动作；经过设计改良澡盆，在底部设置一个排水口，单手轻轻掀起橡皮塞，即可让盆内的水流出，轻松而省力。

（4）有些简单操作短时间没有问题，但是长时间使用后就会觉得疲倦，因此减少持续性体力负荷也是设计要关注的原则之一。现在的 Apple Watch 强制性的休息提醒设计就是针对上班族，防止长时间坐着造成身体疲劳和损伤。图 2-25 所示为在现代科技支撑下，防疲劳驾驶提醒的设计。

7. 尺寸和空间要适合使用（size and space for approach and use）

对于使用者来说，想要使用的产品最好放在合适的位置以及保持恰当的使用状态。也就是说无论使用者的生理尺寸、体态和动态如何，都要提供给使用者合适的产品尺寸和使用空间，以便于接近、到达和操控。

在设计实施上的指导细则为：

（1）提供给各类使用者方便使用的大小和尺寸，触碰不到就没办法使用。例如，儿童或乘坐轮椅者触碰不到的电梯楼层按钮，显

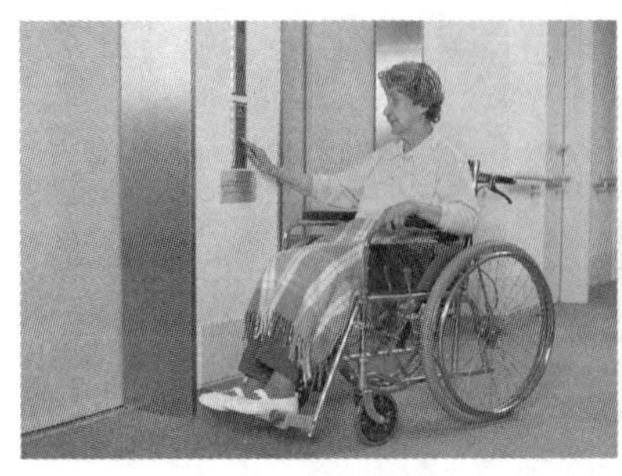

图2-26（左）
通用电梯按钮
图2-27（右）
通用地铁闸门

然就是一项考虑不够周全的非通用设计；另外，产品或设施合身与否也限制了使用的效益，像是体型高大或肥胖者坐不下的椅子、轮椅过不去的窄门等，因此这项原则就是要使设计适用于各种身体尺寸、姿势与行动能力的使用者。图 2-26 所示为方便乘坐轮椅者使用的电梯按钮。

（2）尽可能扩大产品的形状和尺寸范围，保证各类身体条件的人士都可以方便使用。研究什么样的产品适合人们使用时，要从尺寸、样式以及构造去考虑，尽可能满足各式各样的人的需求。而为了达到这个目标可以用两种方法：一是针对一件商品融入能为各类人群所接受的结构、工艺、创意和功能；第二就是多准备几种大小不同的尺寸。其实，比如服装设计就是比较典型的此类原则的应用，同款服装设置各种尺码以备不同体型的人的需求。如图 2-27 所示，适合轮椅或携带大型行李乘客的需求，于一般宽度之外设置空间余裕的验票闸门，即为本原则的应用。

（3）即便是坐轮椅、装有义肢或者其他辅助设备的人，也为辅助设备和个人助理装置提供充足的空间。在日常生活中，很多人不得不借助一些辅助设备实现正常的行动，所以在一些特殊场合，辅助设备突然无法正常使用将会是使人很头痛的事。比如在运动场设置方便轮椅进入的看台等设计。

（4）实际使用的时候，会觉得方便搬运、容易收藏的物品很贴心，比如折叠伞、折叠椅这些产品。

上述通用设计基本原则可用于评估现有设计、指导设计过程，同时也可帮助普通消费者了解何种产品和环境才是真正好用而宜人的。

通用设计原则除了以上七项基本原则以外还有三项附加原则，要求如下。

1. 经济持久性原则（economy and durability）

在高速发展的当今社会，产品更新的速度也非常快。为了推动新产品的销售，有些制造商在产品开发初期就以短期回报的心态设计开发产品，导致产品在使用中不断出现故障，而故障是和危险性相关联的。

对于使用者来说，如果产品在使用过程中容易发生危险性的故障劣化，或者由于产品构造过于精密复杂使得持续维修产生高昂的价格等，都会让使用者产生不安。另一方面，如果好不容易研发出的优良的产品，却因为消费不起而无法顺利地传播给社会也是一大遗憾，所以在产品开发时就要在确保高性能、高品质的基础上，从材质、包装等方面考虑降低生产成本，平衡产品的价值和价格，做到真正可长久使用。也就是说，从长远的视角，以增加产品的使用寿命为前提设计、制造产品。总结起来就是：

（1）机能简单，减少故障产生，具备耐久性。

（2）高性能、高品质且价格合理。

（3）尽可能地降低生产成本。

（4）后续维修简单，可安心使用。

2. 品质优良且美观原则（excellent and beautiful quality）

也就是说设计不偏向某类人群，即使使用者价值观不同，认知度不同，个性爱好不同，都能在尊重美学个性差别的基础上，设计让众人感受美与品质的产品。这里说的美不是在瞬间流行下的短暂美，也不是只为形态美而忽略使用功能性的设计，是一种不盲目追求当下流行的形态、色彩、材质所持有的美学态度，是在充分考虑每一个人自我独特的美学个性的基础上，在使用者长久使用后感受到的从内到外的舒适感与美感。图 2–28、图 2–29 所示为 Hans J. Wegner 于 1949 年设计的“Y–Chair”和 1947 年设计的“The Peacock Chair”。典雅的造型和巧妙运用后的榫卯结构，加上精湛的工艺，即使过去了半个世纪依然非常经典。优美的椅背曲线增添了舒适感，就如 Hans J. Wegner 所说的：“在人坐上之后，一张椅子的设计才算最终完成。”在实施上的指导细则为：

图2–28（左）
Hans J. Wegner及其1949年设计的“Y–Chair”
图2–29（右）
Hans J.Wegner 1947年设计的“The Peacock Chair”

图2–30　竹纤维毛巾

（1）功能上的实用性与形态的美感，两者兼备。

（2）不盲目追求流行，设计让众人满意的品质。

（3）充分发挥材质的特性，将其与产品完美结合。

3. 对人体和环境无害（friendly for Human Health and Environment）

这是产品设计生产的绿色可持续发展原则。过度生产、过度消费导致现阶段严重的资源浪费和环境污染问题。所以，从产品之初选材时就应考虑产品从生产到废弃整个过程中是否对人、地球环境有害。提倡使用对人体有益的天然材料，运输、使用、回收等环节不造成环境的恶化，制造与社会和谐的产品。图 2–30 所示为竹纤维毛巾，竹子具有快速生长和更新的特性，是可持续利用的自然资源的代表，且对人体有多种益处。以从自然生长的竹子中提取出来的竹纤维制作的产品，就是天然、环保、无污染的一种。也就是说用低廉的成本解决问题，并且产品本身是对环境和人体无害的。在实施上的指导细则为：

（1）使用对人体无害的材质。

（2）不浪费自然资源，使用对自然无污染的材质。

（3）提倡产品可回收、可再利用。

通用设计原则的应用是灵活的，视具体情况具体分析。不同国家和地区根据特有的国情和民情，也会制定出一些适合本土特色和人们生活习惯的通用原则。

比如麦斯曾经制定的 3B 原则：Better Design、More Beautiful、Good Business；翻译过来是：好的设计、尽可能美观、高的商业价值。

美国堪萨斯州立大学人文生态学院服装、纺织品和室内设计专业提出了 5A 原则：Accessible（亲近的）、Adjustable（可调节的）、Adaptable（包容的）、Attractive（吸引人的）、Affordable（消费得起的）。

德国 HOGRI 品牌的“driends for ever”厨具设计就充分地体现“使用时使人心情愉悦”的原则。HOGRI 品牌自 1909 年创建以来，除了拥有高品质的材质，精湛的加工工艺以外，一直延续着富有亲和力和愉悦感的设计风格，让消费者看到就会产生强烈的购买欲。图 2–31、图 2–32 所示以“送给友人的笑容之礼”为主题的系列厨具设计，在传统追求产品功能性的基础上添加了一份幽默感，无论是小孩还是老人一见就会忍不住会心而笑；蓝色与黄色的鲜明对比包装，配上不锈钢材质的镂空表情，给产品添加了更多的趣味。

日本不同的企业在作通用设计研究时，通常会根据自身的企业文化和产品特征制定体现企业特色的通用设计原则。

1）三菱公司从日常生活中的问题点出发，整理了以下五项通用设计基本原则：

图2-31（左）
令人愉悦的设计
图2-32（右）
富有亲和力的包装

（1）考虑使用者的心情：使用起来心情愉悦；

（2）简单而容易理解的使用方式：任何人都能明白的操作方式；

（3）容易识别的显示和表现方式：从视觉、听觉、触觉上都能确切识别；

（4）轻松的姿势对身体没有负担：对身体没有负担，没有勉强操作的姿势；

（5）安全性和便利性的追求：追求安全性和新颖的便利性是开发产品的前提。

2）松下公司则整理出下面六项通用设计基本原则：

（1）容易理解的操作；

（2）容易识别的表现方式；

（3）轻松的姿势和动作；

（4）移动与空间的便捷；

（5）安心与安全；

（6）考虑使用环境。

3）TOTO 从“可用性”、“舒适感”出发，制定了以下五项通用设计基本原则：

（1）轻松的姿势和动作：没有勉强的姿势和身体行动，长时间使用也不会有疲劳感。

（2）容易理解、操作简单：操作按钮的位置与功能容易区分，操作流程容易理解，是省力、简单的操作。

（3）对应不同的使用者和变化：后期可以随意地增加功能，能够顺应不同的使用者和变化。

（4）舒适：没有对身体有害的物质，没有生理上的不舒适感，没有让身体产生负担的温度与亮度。

（5）安全：预防事故的发生。

4）KOKUYO（国誉）在通用设计研发方面，则定了一项原则加五个视点的理念，所有新产品都需要遵从以下通用设计的指导方针。

（1）一项原则：尽可能让更多的人使用便捷。

（2）五个视点：

①基础扎实：保证商品的基本性能。

②通过五感传达：文字、图形、声音、形状、颜色等信息容易理解。

③安全、安心：不论是使用状态还是非使用状态都能保证高度的安全性能。

④用方法易懂：操作方法迅速易懂。

⑤轻松使用：没有负担，舒适使用。

2.2　通用设计对象

通用设计的理念是创造尽可能让所有人都方便使用的，包括环境、建筑以及服务在内的一切物品。通用设计被称作是所有人使用都无违和感但又看不见的设计。图 2–33 所示花王公司推出的一款平板除尘拖把速易洁（Swiffer）就是一个很好的关爱例子：这款具有革命性的全新除尘工具，不仅为主妇提供了一个快捷、轻松、彻底的清洁方案；同时也为特殊人群提供了方便。传统除尘除了吸尘器这类机械化有重量感的器具之外，轻便工具是扫把。但是使用扫把除尘有许多不便：比如清扫时需要时常弯下腰，清洁床底时更要跪下身，还有浴缸清洁时需要一遍一遍地俯下身等。这些动作对于老年人、孕妇这些特殊群体来说是每日例行却又非常不易的事。平板除尘拖把速易洁很巧妙地解决了这个问题：可伸缩的手柄，让不同身高的人甚至是小孩都可以轻松地找到适合的使用高度，360° 可旋转平板适合不同场合的清洁，地板、顶棚、床底、浴缸等都可以不弯腰不费力地除尘。

通用设计理念倡导的是面向所有的人，但是在导入通用设计理念时，应该从关注一些特殊的群体开始。

2.2.1　老年群体

所有生物都会经历出生、成长、死亡的生理变化过程。人类是心智高度发达的生物，伴随着生理年龄的增长，心理也发生着很大的变化。

图2–33　Swiffer

作为设计师，应该了解这些变化。随着年龄的增长，老年人身体的各个部位都会不同程度地产生变化。视觉、听觉机能开始下降，运动能力低下，行动缓慢、迟钝，并且容易产生疲劳感，比如搬运或手提吸尘器或其他家电的操作就会比较困难。

老年群体是通用设计理念推广中一个非常重要的研究对象，随着年龄增长老年人在生理层面会发生下面一些变化：

（1）感知能力的变化：在听觉、视觉、味觉、嗅觉、触觉五方面都产生衰退现象。最常见的有老眼昏花、耳聋耳背等，对于外界的反应越来越慢。

（2）运动能力的变化：随着年龄的增加，老年人的骨骼肌肉系统发生变化，骨骼的脆性增大，容易发生骨折，同时颈部及腰椎关节可有骨质增生，压迫神经根，引起疼痛和关节活动不利。骨骼肌可因活动减少而逐渐萎缩，弹性降低，发生萎症等。因此，各种移动和运动的能力逐渐衰退，比如走路、爬楼梯、落座、站立等行为能力都受到限制。

（3）平衡系统的变化和丧失：老年人中枢神经系统的控制能力、前庭感觉能力下降，导致老年人反应时间延长，身体平衡协调能力下降，容易跌倒。

（4）记忆能力减退或者混乱：老年人的神经纤维出现退行性改变，脑血流量减少，因而记忆、分析、综合能力减退，认知能力减退。

图 2-34 所示为人们随着年龄变化的身体机能变化以及身体姿势变化。

在产品设计时，从设计研究角度可以关注下列问题：

（1）省力设计：由于高龄者体力逐渐下滑，比如握力减弱，开瓶罐变得很费力。弯腰、抬手等幅度较大的动作更是不便。

（2）增强图像的色彩对比度，避免用细小文字：老年人视力变弱、

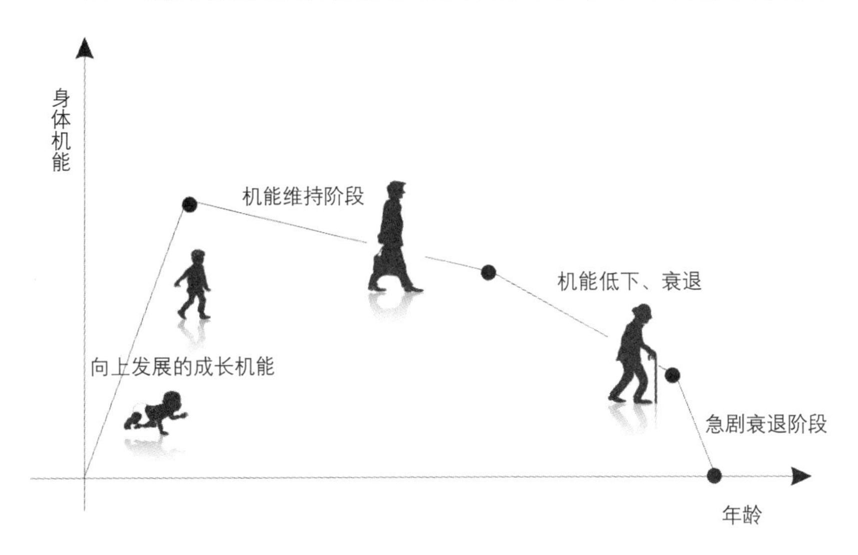

图2-34
身体机能变化图

老花，视野也逐渐变窄，而且出现白内障。

（3）注意音量大小问题：比如声控操作、产品提示音设计等。老年人听力减弱，电视机、收音机的播放音量逐渐加大。

（4）简化功能：由于记忆力衰退，对于功能多、操作顺序繁复的产品不容易接受和理解。也很容易忘了关电源等。

2.2.2 孕妇群体

女性怀孕后身体形态与身体机能发生了翻天覆地的变化，哪怕是站立这样最基本的行为对于孕妇来说也变成一种负担。生活上经常会遇到各式各样的制约。孕期的特征是身体沉重、容易劳累、不能使力、下蹲容易压迫腹部等，起身、坐下之类的简单动作都比正常人要费力、费时，更不用说弯腰捡东西、上楼梯了。这些动作都要格外谨慎，否则会发生危险意外。到了产后哺乳期的女性，虽然自身形态逐步恢复，但抱小孩同样是身体的一种负担，比如只能单手操作。推婴儿车出行也有不便之处，比如推婴儿车上下楼梯的不便，乘坐地铁、公交车时上下车以及婴儿车的摆放等都需要社会的关爱。

在产品设计时，对于孕妇需要关注的问题为：

（1）减轻身体负担：特别是对于起身、步行等基本动作，不能有负担。

（2）避免急促的操作设计：孕期体重增加，行动变得缓慢，催促会造成危险。

（3）增大活动空间：孕期由于腹部凸出，需要比常人更大的活动空间。

（4）避免拉伸动作：孕期身体重心向前倾，腹部不能用力，身体延展性会减弱。

图 2-35 所示的松下斜筒式滚筒洗衣机，从“拿取衣物的便捷性”、“操作的可用性”等通用设计的理念出发，提出了将传统滚筒洗衣机垂

图2-35
松下斜筒式滚筒洗衣机

直的滚筒，倾斜 30° 角的全新设计概念，达成孕妇不用弯腰就可轻松实现操作。“30° ”的滚筒形态同时也为轮椅使用者、身材矮小的儿童、健全人提供了轻松拿取衣物的使用方式，减轻了使用者操作时的身体负担。

2.2.3　儿童群体

儿童也是弱势群体的一部分。他们正处于生长发育期：身体娇小、体力不及成人、识别能力和判断力不成熟但又有强烈的好奇心、对危险没有意识等。在产品设计时，对于儿童需要关注的问题为：

（1）产品的尺寸要适宜：由于儿童身高的局限性，很多成年人尺寸的产品他们无法使用。

（2）二维图像比三维立体更直观：儿童的三维立体成像识别能力还未成熟。

（3）把握产品的难易程度：儿童的理解能力正处于发育阶段很多成年人的产品不知如何使用。

图 2-36 所示为儿童使用电子智能终端的屏幕大小、高度、尺寸以及软、硬界面操作的理解程度。

图 2-37 所示是一款家用儿童剪发器，和普通理发刀最大的区别是：刀刃被隐藏在主体之内；不直接接触皮肤的安全设计；主体把握的尺寸针对女性用户而设计，女性单手可以握住直接操作；有防止被剪下的碎发四处乱飞的结构设计，碎发在修剪的过程中直接落于剪发器器身内，操作完之后直接打开器身就能清理。

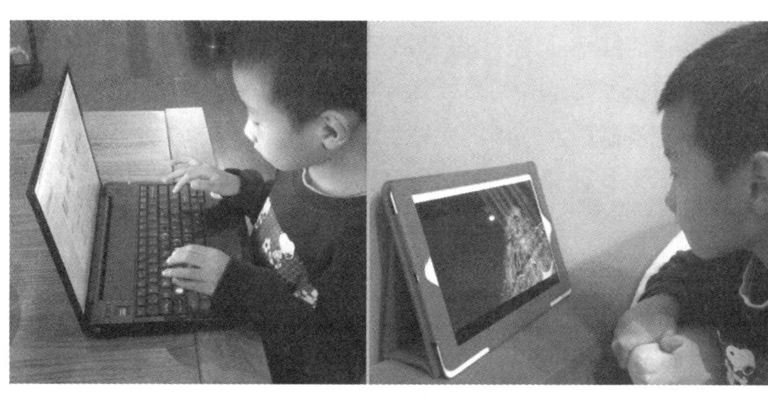

图2-36
儿童使用的电子智能终端

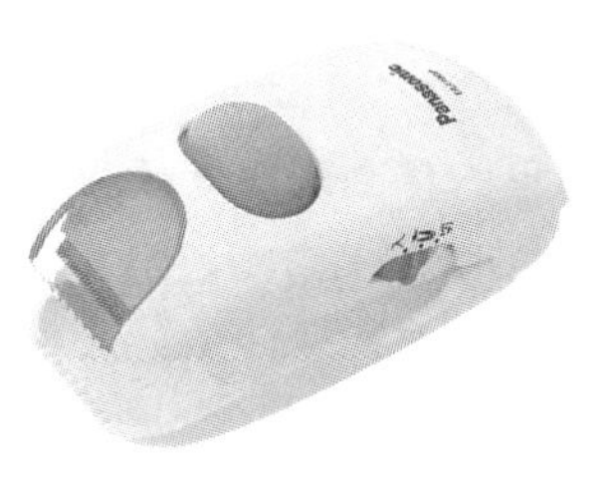

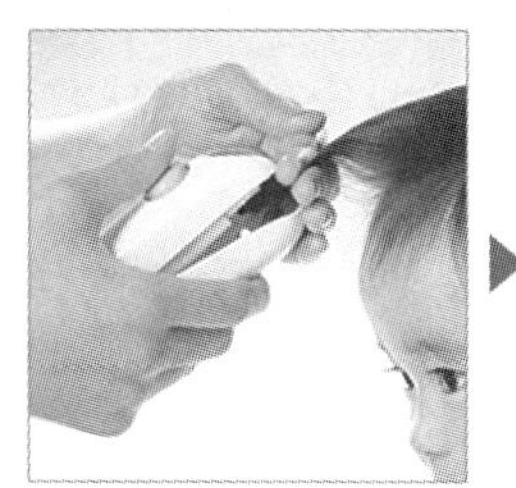

图2-37
儿童剪发器

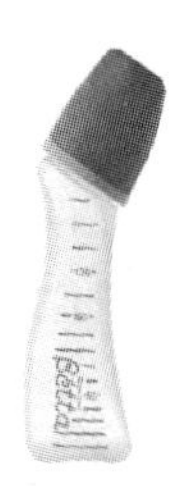
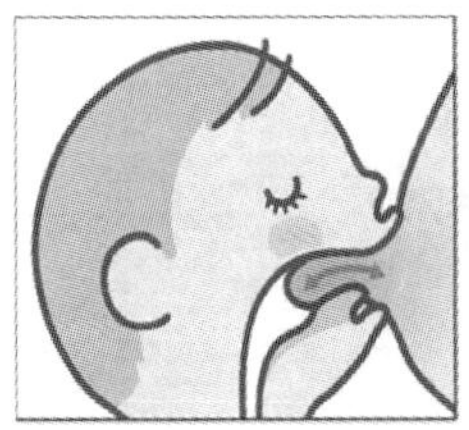
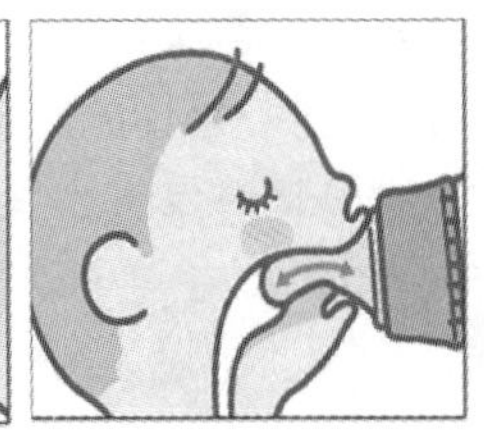
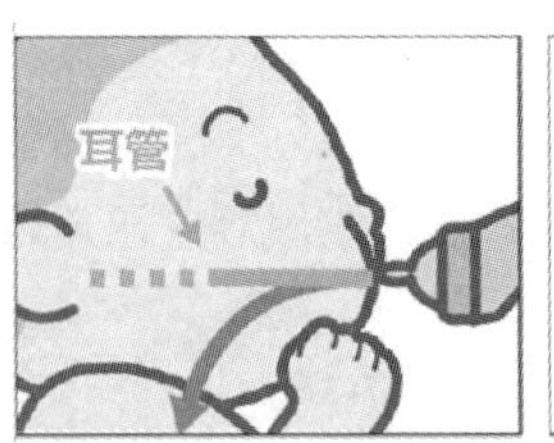

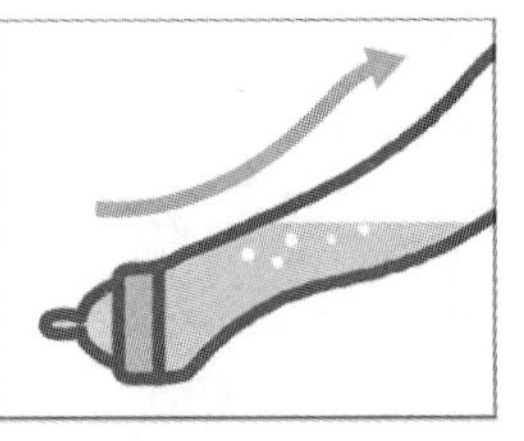

图2-38
Tritan Copolyester 奶瓶

一款由美国小儿科医生研发的名为 Tritan Copolyester 的奶瓶，具有耐冲击和不易破碎的新素材特性。环保且结合了玻璃材质清澈透明、耐高温和塑料材质轻盈的特点。奶瓶的奶嘴设计从医学的角度再现了等同于母乳哺乳的自然姿势，如图 2-38 所示。由于婴儿的耳管比成年人短，呈水平状态，如果平躺着喝奶就很容易将奶和细菌一同灌入耳管，引发“头位性中耳炎”。奶瓶瓶身的角度倾斜设计，将奶水自然地流入食道，可以预防这种情况的发生，瓶身设计的弧线可以使水中的空气顺着弧线上走，减轻了婴儿在喝奶过程中因吸入过多空气吐奶、呛奶的状况发生。

2.2.4 视觉障碍群体

视觉障碍者主要分为两类。一类是失明者即盲人，一类是弱视者，仍留有残存视觉。全世界 70 亿人口中，视觉障碍者占有 1.5 亿人，其中弱视者占 70% 以上。在产品设计时，对于视觉障碍者特别是弱视者需要关注的问题为：

（1）容器的形状不可相似，如果相似需要提供其他途径区别，比如增加凸文字。

（2）容器的打开方式要有明确提示。

（3）按键操作要简单明了。

（4）避免液晶显示、屏幕操作的功能。

（5）科学设计计量方式和读取方式。生活中视觉障碍者很难读取刻度。

（6）注意说明书的设计。视觉障碍者无法完全读取文字性说明书，通常是边使用边记流程。

（7）对于高处物体的信息文字要容易读取。太小的文字很难识别。

比如遥控器的设计，对于视觉障碍者来说面积较小的按钮非常不易识别，在同一按钮上反复操作也是比较困难的行为。比起需要依靠说明书来操作的复杂功能的遥控，更倾向于简单的基础功能遥控。如图 2-39 所示的日立遥控，功能简洁的操作按钮，即使不借助说明书也会操作。冷暖功能按键用相对应的冷暖色区分，可凭直觉使用，并且在按键上运用了触觉感知的凸文字。

图2-39　日立遥控

2.2.5 肢体障碍者

肢体障碍人群在残障人中占半数以上，多数都使用轮椅。使用轮椅的人不仅是下肢残障，也有可能是上肢等器官因损伤或功能缺陷而导致的肢体活动困难。由于活动受限，因此在生活中他们可能处处会遇到困难：比如上洗手间的问题；在移动过程中碰到障碍物、沟槽、阶梯等；还有使用时物体的高度问题：太低弯腰困难，太高接触不到，即使是和轮椅相同高度的平面操作，也接触不到远距离的物体。以上所述诸多问题促使人们在产品设计时，对于轮椅使用者需要关注的问题为：

（1）产品的高度要适宜：比如桌面高度、洗手盆高度、电梯按钮高度等。现在很多电梯提供两种高度的按钮，其中专为轮椅使用者设计了低处按钮。

（2）产品的尺寸和形态要适宜：比如轮椅使用者很难靠近普通形体的洗面台。现在多数公共洗手间都逐步配套设置了残疾人专用卫生间。但如果设计之初就考虑影响轮椅使用者的多种因素，如改善洗面台设计、扶手设计等，就能真正实现通用设计的“方便每个人使用”的设计理念。TOTO 在卫浴领域的设计就做得非常细致。图 2-40、图 2-41 所示的洗手台设计：底部留有足够的空间，方便轮椅使用者近距离使用；图 2-42、图 2-43 所示洗面台的形态尺寸设计增加了边缘的

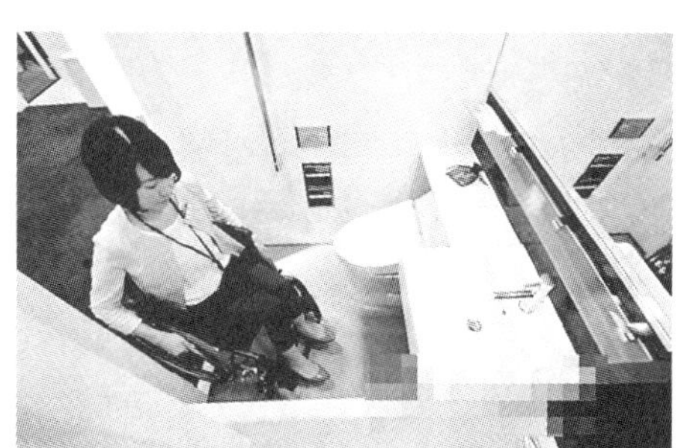

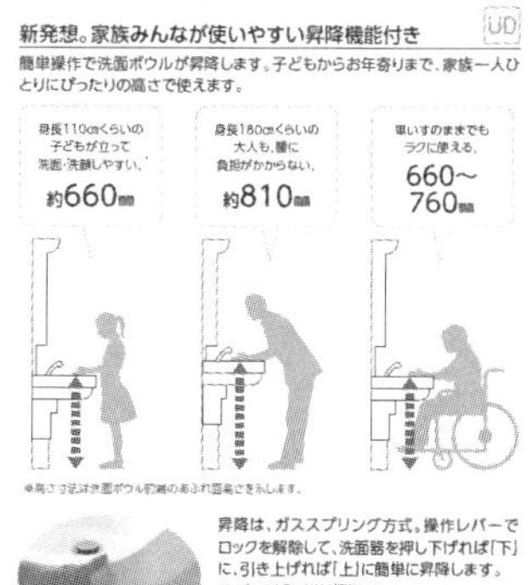

图2-40（左）
通用洗手台（一）
图2-41（右）
通用洗手台（二）

图2-42（左）
洗面台
图2-43（右）
增加了边缘面积的洗面台

面积，虽然细微但不仅为轮椅使用者提供了着力点，而且在洗手时也能作为肘部省力的支撑。

第二次全国残疾人抽样调查领导小组、国家统计局公布的最新调查数据表明，截至2006年4月1日，我国各类残疾人总数为8296万人，占全国总人口的6.34%。除了以上列举的几种弱势群体之外，通用设计需要关注的特殊人群还包括听觉障碍者、智力障碍者、精神障碍者，不同文化和语言的外国人等。要从不同的视角理解使用者，让身体有障碍或机能低下的人和健全人都能共同使用产品。

2.3 通用设计标准

通用设计起初是发达国家在公共设施、产品设计上制定出来的一些标准，后来更进一步在城市规划、建筑设计、产品设计、视觉传达设计中形成了规范。可以说，一个国家的文明程度越高、人文关怀越多，在通用设计方面的研究和成就便越大。

有关通用设计的国家标准现在已经比较普遍了，这些标准和规范是广泛而庞大的。比如标识设计的一些通用规范：国家、城市、企业、商品、团体、活动等类型的标志比较强调自身的特征，应用过程中尤应注意识别性的统一；公共标志指导人们有序地活动，确保人们的安全，因而要直观、简洁，强调标准化和通用性。比如飞机登机口标志、乘车处标志、行李提取处标志等都是统一标准的。

每个国家基本上有自己的标准标识系统，比如警示类标识、道路交通标识、建筑标准规范、环境标准规范。目前，在产品、建筑、平面、包装等行业也形成了一些国际标准规范。

2003年10月份，来自中国、日本、韩国的代表在北京达成协议，组成一个特别委员会，来协调公共环境、产品和视觉识别标志的通用设计的标准化。2004年这个委员会推出了通用设计标准：第一方面是公共设施的标准、导识系统的规范化和标准化；第二方面是家庭用品、包装、容器的标准化。第二方面的标准，基本是按照日本提出的标准制定的。中国能够这么迅速地接受和推进“通用设计”的公共标识观，和2008年北京奥运会的召开有密切的关系。具体资料可以根据设计需要参考中国国家标准网（http://www.biaozhun8.cn/）阅读相关信息。

其他比较常见的有欧洲电气标准（The European Committee for Electrotechnical Standardization）、国际标准组织的各种标准（The International Organization for Standardization）、国际电气委员会的标准（The International Electrotechnical Commission Standardization）等。下面这四个国家法规是目前比较完善的通用设计标准：

（1）澳大利亚残疾人士反歧视法（Australian Disability Discrimination Act 1992）；

（2）加拿大的安大略残疾人士法（Canadian Accessibility for Ontarians with Disabilities Act of 2005）；

（3）美国残疾人士法 ADA[Americans with Disabilities Act，其中，Section 508 Amendment 是 1973 年版本的残疾人法的修正案（The Rehabilitation Act of 1973）]；

（4）英国残疾人反歧视法（United Kingdom Disability Discrimination Act 1995 and 2005）。

目前，正在修订完善的还有诸如 ISO 20282-1 日常用品的容易使用标准（Ease of Operation of Everyday Products）的第一部分：使用的步骤和使用者的界定（Part 1: Context of Use and User Characteristics）；ISO 20282-2 日常用品的容易使用标准的第二部分：测试方法（Part 2: Test method）等。

在必要的情况下，设计人员可以了解一下这些标准和规范的要求。这些标准和规范是一个大框架，在实际设计应用中，主要还是根据目标群体的需求进行设计，可以得到更加精细、准确的满足需求的产品和细节。

2.4 通用设计在各领域的应用

如上一节所述，通用设计是人们日常生活中看不见的优化设计：比如光盘的一面印刷上强烈的深色，用色彩对比设计并且是带有黑调子的深色对比，方便视力不好的人对光盘正反的辨认，而有黑色调子的一面，更是帮助了色盲人辨认；厨房的柜台设计成几个不同高度的面，方便不同身高的人使用；公共汽车的底盘设计得比较低，方便轮椅进出等。这些隐形的设计在我们生活中比比皆是，下面分享一些已有的优秀设计案例。

1. 建筑与环境设计领域

（1）2013 年 ASLA 获得通用设计杰出奖的莱克伍德公墓陵园设计，如图 2-44 所示。莱克伍德公墓始建于 1871 年，是一个典型的美国式的“草坪规划”墓地。这里大片大片宽阔的草坪上处处点缀着一些精致的纪念碑，碑的四周被树木和大而宁静的湖泊所围绕。这种风格是 1850 年代由辛辛那提的春天的树林陵园首创的。而莱克伍德公墓正是这一经典墓地类型现存的最纯净的范例。

有着 142 年历史的莱克伍德公墓曾面临着一个挑战：如何在一个受人尊敬的地标式的环境中创造出一个具有纪念性的属于 21 世纪的空间。花园陵园项目正好巧妙地、持久地、优雅地迎接了这个挑战。这

图2–44
莱克伍德公墓陵园设计

个景观涵盖了朝南斜坡上三分之二的建筑，建筑风格展现了一幅空旷的、和平的风景，伴着静静的倒影池、本地树木构成的小树林以及沉思的壁龛——鲜明的当代设计与它的历史环境和谐地融为一体。全国范围内的历史性墓地所面临的一个问题就是：如何在不损害国人深爱的景观的价值的同时使之带来持续的收入。这个设计试图以一种愉快的、引人注目的方式重新使用现存的墓地空间，把拥有当代美学的项目和谐地融合进一个重要的历史景观。设计具有可持续性：莱克伍德公墓陵园力图保存这个历史性景观的特征，同时为多达 10000 人提供高贵的埋葬和纪念空间。建筑项目很大一部分建造在山坡上，保留了周边环境大量的开放空间，自然美景一览无余。通过风铲、根部修剪和用板桩支撑，已经长成的树木被保留了下来。一个新的可使用的绿色屋顶扩展了周围墓地的开放草坪，还能得到像减少碳排放、减少制冷负担、产生氧气、减少热岛效应并最大限度地提高径流渗透等传统的益处。这个建筑是东西方向的，以便最大化地受到太阳的照射。创新暴雨排水策略以最大化现场的水流渗透，这一策略的发展，使所有的停车区都能透水，从而降低了下暴雨时地表的水流量和速度。所有的停车区都设置在现场墓地周边的路上。现场的一口水井被保留了下来，减少了饮用水的使用，用来灌溉。众多大型乔木、灌木、地被植物被种植，以此来增加树荫，从而减少因蒸发和蒸散而造成的水分的流失，提高水的利用效率。当地出产的石岗石具有较高的反照率，大多数景观花园里所有的小路都是用这种材料铺成的。照明设计也最低化，以减少光污染。设计的意义在于莱克伍德公墓陵园景观作为一个安静的、受人尊重的历史环境里的当代设计具有重要意义，为最基本的人类需求提供了尊严和优雅。这一建筑和风景的结合已经被波士顿的美国景观美化设计师协会所认可，并获得了很多建筑奖项。

（2）丹麦的 Pindstrup 综合训练中心是残障儿童和身体健全儿童一起进行综合训练的场所，提供各类供孩子们户外训练的设备。Pindstrup 在设计户外活动场所时，根据不同树种、不同树枝形状、不

图2-45（左）
Pindstrup 综合训练中心
图2-46（右）
费勒体验花园

同树叶形状在微风下发出不同声响，设计出声响环境。视障者可以通过声音辨别不同的位置，普通人在这样的环境下也会有不同的体验，激发潜在的感官功能，无意识中记住一些场所的特定特征（图 2-45）。

（3）歌本哈根的费勒体验花园，中心设置“感觉花园”，为坐轮椅的人设计的大型花坛，可以让他们去触摸花朵，感受自然。坐轮椅者用手可以触摸 40cm 高度以上的东西，所以花坛设置较高，残障儿童和健康儿童可以一起感受到自然泥土的芬芳。花园内凳子的高度和轮椅一样，大家可以近距离交谈（图 2-46）。

（4）丹麦视障者度假中心 fuglsangcentre 利用回声进行设计，在走廊和过道交叉路口上方都建一座塔楼。塔楼高 7m，走廊高 2.8m，由此产生不同的回音，视障者可以据此判断自己的位置（图 2-47）。度假中心还在特定的位置放置特定的物件，比如在走廊拐角放置鸟笼；在饮水机处发出水流声。利用多样的地面材料：走廊选用光滑材料，塔楼地面用丁钠橡胶。不同材料的特性有不同的踩踏触感。不仅是对视障者，一般的观众也能体验到不同的感官刺激效果。度假中心在特殊位置选用不同质感或颜色的材料：比如在走廊边缘的标志线到有开启门的地方就断开；利用阳光照射和室内灯光形成变幻的照明方案，参观的人们感受愉悦，增添情趣。另外，采用强烈的光线也是针对弱视症患者的一种设计，如图 2-48 所示。

2. 日用产品类

（1）OXO GoodGrips 削皮器是一个比较典型的通用设计成功案例。设计师 Sam Farber 也是企业负责人，从患有关节炎的妻子对于厨房用具削皮器的需求洞察到：他的妻子喜欢烹饪，但是烹饪的工具用起来都很不方便，尤其对她患有关节炎的手而言；她还觉得使用一些难看的粗糙的工具似乎是对有生理障碍的人的一种不尊重，这些产品很少

图2-47
丹麦视障者度假中心塔楼设计

图2-48
丹麦视障者度假中心其他通用设计

一侧亮光的走廊　　走廊尽头的鸟笼　　角落里的饮水机装置

考虑如何方便使用和如何减轻使用负担等问题。Sam Farber 导入通用设计理念，将使用舒适和使用者的人格尊严作为设计改良和创新的两个关键因素。Sam Farber 让设计伙伴 Smart Design 成为一起分享企业利润的合伙人，成功地开发了 OXO GoodGrips 削皮器。经过大量的人机工程学测量，他们选择了一种椭圆形手柄。手柄整体的椭圆造型和刻在上面的鳍片使食指和拇指能够舒服地抓握，而且便于操纵。为了使手和削皮器有一种良好的接触感，并保证有水时仍然有足够的摩擦力，设计人员专门花费了大量的精力去寻找合适的材料，最终他们找到了一种具有较小表面摩擦力的合成弹性氯丁橡胶。一方面它具有足够的弹性，可以让你紧紧地抓握，另一方面又有足够的硬度来保持形状，同时能够在洗碗机里清洗。OXO GoodGrips 削皮器给人的感觉是极为精巧和现代的，老年人很喜欢它，小孩也觉得新产品更新奇有趣，而且使用舒适，因此它的市场急速膨胀起来，而且一直保持着强劲的增长势头（图 2-49）。

OXO GoodGrips 削皮器成功的通用设计理念手柄设计建立了公司在市场竞争中的核心地位，并发展成为 OXO GoodGrips 公司标识和品牌的第二重特征。公司决定把削皮器所包含的价值因素延伸到他们今后所要开发的其他产品的手柄当中，并以此作为公司的品牌策略。这一新概念已经被延伸到除厨房用具之外的几乎所有需要用手拿的产品，水壶、色拉搅拌器、洗涤用具、普通工具和园林工具。OXO 也把一种新的材料带到了整个家庭产品工业里，在 OXO 成功推出产品之前，氯

图2-49
GoodGrips产品

丁橡胶从来没有被认为是合适的厨房用具材料。自从 OXO 问世以来，许多其他家庭用具消费商在他们的产品中也使用了氯丁橡胶以期赶上 OXO 的品牌优势。用于加工类似 OXO 削皮器手柄鳍片等很薄的橡胶构件的新工艺和更加严格的铸造公差也从此变得很平常。对于种种因素的洞察力、成功的设计、合理的材料选择以及加工工艺一起导致了这样一个新产品的诞生，并且重新定义了厨房用具。OXO GoodGrips 削皮器的设计方法也是比较典型的通用设计方法，也就是以有生理障碍的人群对于产品的特定需要作为设计的切入口。正如通用设计定义所述：设计如果能被身心障碍者得心应手地使用，那就意味着能被所有的人更加舒适便捷地使用。

（2）Tripod design 在 1994 年针对握力较弱的使用者开发出原子笔，期间请 22 位握力较弱的高龄者及手部不便者参与开发过程。原子笔的设计师强调设计不是取平均点，而是取最大包容点。原子笔为企鹅造型、有个圆滚滚的握把，荣获 1999 年美国高龄者团体 ASA 的通用设计奖，如图 2-50 所示。之后公司再接再厉，又设计出一款可以用嘴含、用脚趾夹、用大拇指勾住等 9 种握法，造型宛如小鸟的“U-wing”，让不同习惯和手腕、手指力量不同的人都可变换使用，如图 2-51 所示。

3. 包装设计类

日本工业发展得比较早也比较快，日本包装设计业的发展也处于世界前列。他们的设计简洁、大方、环保，而且很重要的是越来越多的设计植入通用设计理念，比如瓶盖设计考虑到儿童、老年人等力量较小的群体，考虑到单臂操作情况；如前面章节已经提及的护发素瓶

图2-50　Handy Birdy（图片摘自tripod design网站）

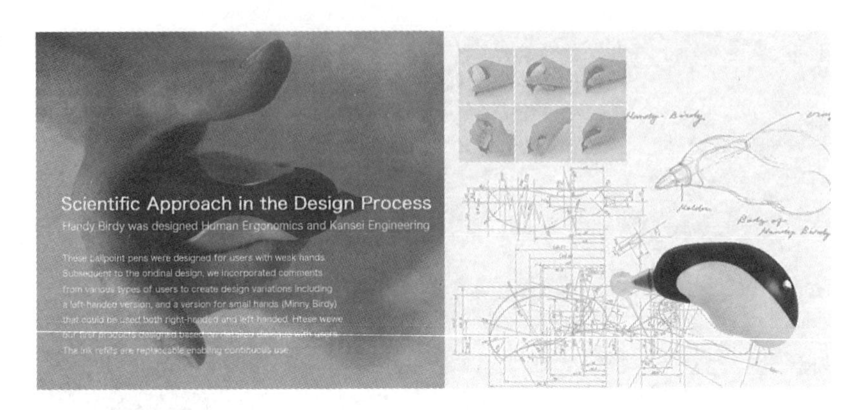

图2-51　U-wing笔

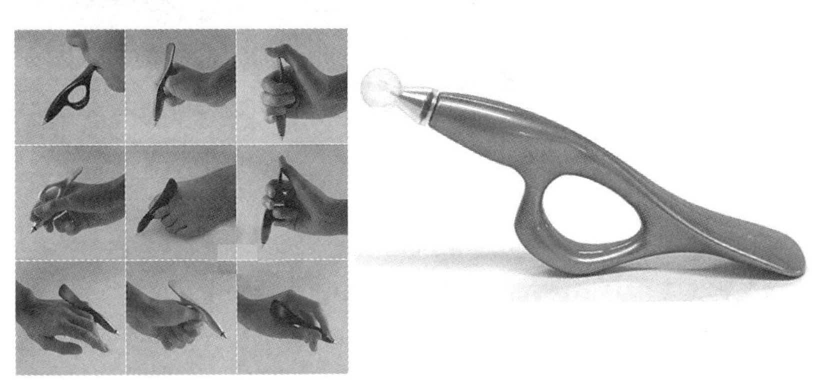

身侧面凸点设计考虑到视障者或闭着眼睛洗澡的人们可以方面触摸使用；包装盒子上的文字说明考虑到容易阅读性；盒子的形状根据易于开启的方式而设计；密封式树胶袋包装怎样方便撕开以及手上沾有油脂时怎样撕开等问题，在进行包装设计时都会着手展开试验和考量。

设计师和用户用自己的手去直接接触确认物品对于是否容易开启或是容易拿取是最好的体验方式。但仅凭自己个人手的体验也比较主观，因此设计还会通过大量的通用设计试验：比如用手沾着肥皂试着打开瓶盖、取出药片或是拿起片状包装袋；或是戴着粗笨的工作手套打开盒子、撕开袋装包装等。试验中用户清楚的可行与不可行认知将会给设计带来很大的创意。如图 2-52 所示为各种试验的展开。

日本最新推出的矿泉水包装通用设计，其针对年轻人阅读习惯的缺失展开设计。全世界的纸媒业都在面临边缘化的挑战，日本的报业作了一些微小而善意的改变，让更多的年轻人重视起读报纸的习惯。设计根据调研发现在报纸发行量持续下行的同时，瓶装水销量却逆势上行，而其中年轻人是主要消费群体。于是《每日新闻》报社将每日新闻作为矿泉水的包装，让年轻人能更好地拾起零碎的时间，把注意力放回到新闻阅读上，建立起他们对新闻报纸的长期关注。而由于瓶装纸的包装上印有报纸广告，使得每瓶瓶装水的价格由 120 日

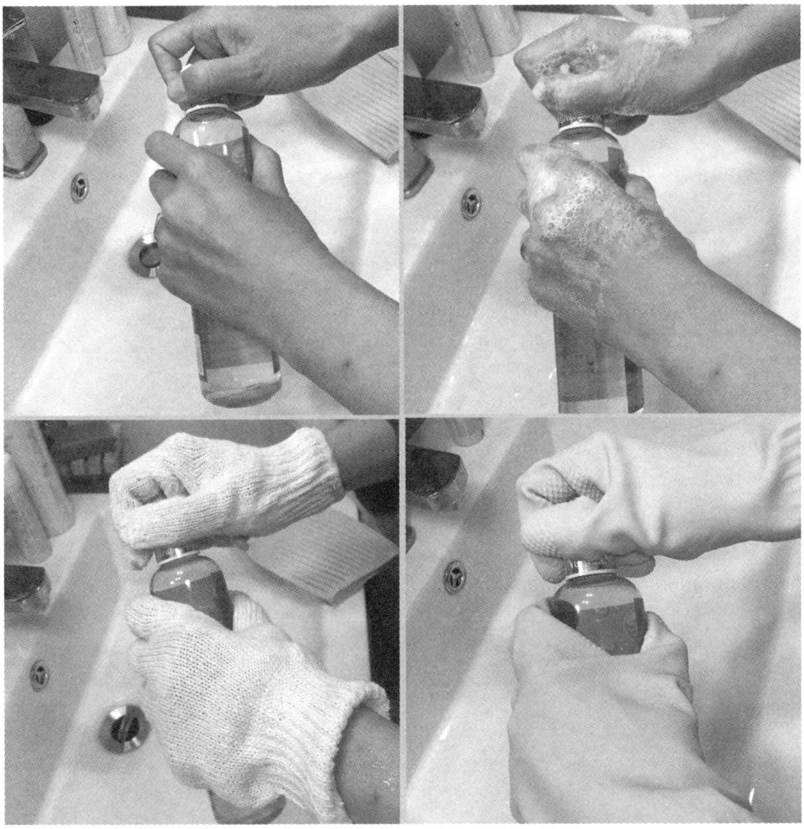

图2-52
非正常使用状态的试验

元下降到 58 日元，足足折半的低廉售价。这样的通用设计以年轻群体阅读新闻习惯的培养为切入点，最终设计满足了社会上众多群体的需求。图 2-53 所示为设计的矿泉水包装以及创意产品带来的市场数据图。

4. 交通工具类

在日本，许多大型游览车有轮椅搭接平台，按下遥控器，车厢中央就会降下平台，轮椅族就能倚靠平台上下车。图 2-54 所示的公共汽车也有类似的坡道设计，方便乘轮椅人士上下车。老年电动代步车产品从原先医疗器械类的电动轮椅车演变而来，产品的设计更适合老年人、残疾人的驾驶习惯。而且适用人群从原先驾驶电动轮椅车的残疾人群扩展到了广大腿脚不便的老年人。交通工具通用设计发展的步伐已经开启，虽然相对其他方面来讲，交通工具的通用化更为困难，但在广大的社会需求下，残障人士也能与正常人一样使用交通工具。日本新型轨道交通系统在设计之初就制定严格的实施标准，有意识地将通用设计的理念应用其中。例如 Fukuoka 市交通运输局运营的 Nanakuma 线路，在规划设计时规定列车与站台的最大水平间距必须在 50~54mm 之间，垂直落差不得超过 5mm。

图2-53
News Bottle设计

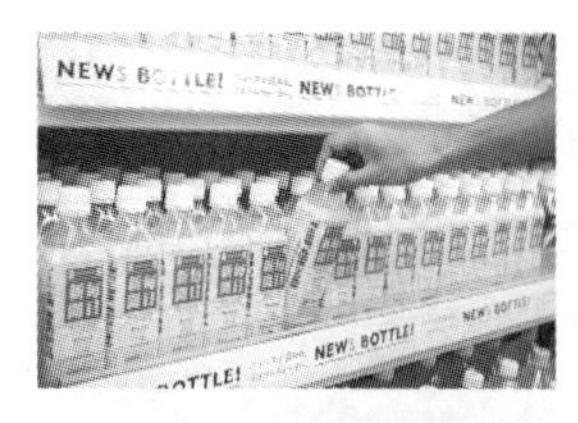

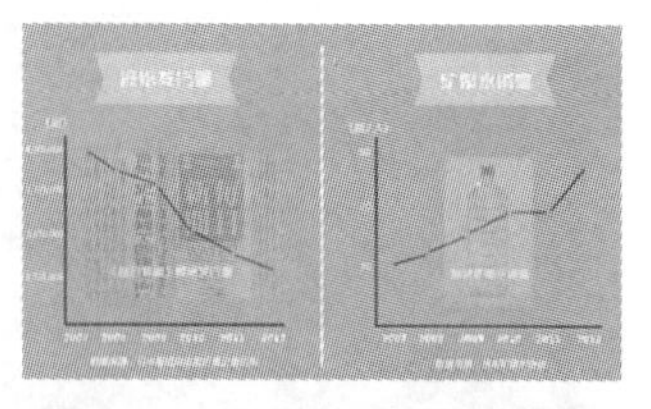

图2-54
轮椅搭接平台和人行道

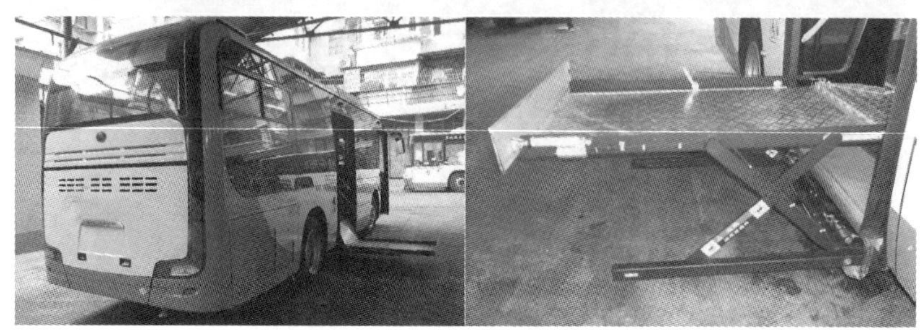

3

第三章　通用设计实践程序与方法

通过以上章节对通用设计理念和内容的了解，本章重点将介绍理论应用与实践的通用设计流程和设计方法。首先介绍从通用设计目标设定、找出问题点、提出解决方案到方案验证等实践的基本步骤，并在每一步骤的解说中穿插参考格式或案例来帮助理解和操作。然后根据实践需求和各阶段内容的不同，本章介绍了多种不同的通用设计实践方法。

通用设计的程序和方法，包含产品从企划、开发、设计到销售的所有环节。所以，通用设计的程序和方法的应用不仅适用于设计师、工程师等，而是产品开发团队中每一个担当人员、管理人员，甚至是销售人员都需要了解和积极参与及共同配合的。

3.1　通用设计实践程序

通常在做产品设计时，会把着眼点集中在物上，认为只要有良好的功能就能称为好产品。而通用设计倡导的是“以用户为中心设计”，满足多样需求的用户群体，把握各类用户的特性、行为并反映在产品设计上。

通用设计的践行和普通产品设计开发有相似之处，一般情况下分为五个步骤：通用设计要素整理→明确用户需求→寻找概念提出方案→方案验证与评价→方案完善，在下面章节中一一讲述。

3.1.1　整理通用设计的基本要素

通过设计调查方法把握用户特性、使用目的和使用状况，比如“问卷调查法”、“焦点小组访谈法”等，详细可见本套教材另一分册《产品设计程序与实践方法》中有关设计调查相关内容。针对高龄者、残障人士以及产品的初用人群通过上述设计调查方法获得用户的使用信息；同时可以获得类似产品在使用时产生的问题信息等。通用设计的基本要素包括下面四个方面。

1. 使用群体

（1）包括用户的年龄、性别、职业、语言能力、感知能力、身体机能、生理极限和身体障碍等特性。

（2）经验：也就是初次使用目标产品的用户调查。对于产品娴熟程度的不同直接影响产品的使用效率。对该类产品熟悉的用户在使用时不会发生的问题比如新功能的学习能力、花费的时间等，在初次接触产品的用户身上就有可能发生。不但会花费更多的时间，而且在使用过程中也会有出错、迷茫之处。探讨如何降低新手的出错率，提高新手的使用效率是该阶段的任务。

（3）虽然通用设计的目标是实现所有人都可以使用的产品，所有人包括健常者、弱势群体（孕妇、老人、小孩）、残障人士（轮椅使用者、视觉障碍者、听觉障碍者等），实际上实现起来有很大的难度。通用设计主张在设计初始不特定用户群体展开设计开发，但这并不代表去把握各类不同用户的特性，而是在尊重用户多样性的前提下，在某种程度上作一些范围限定。也就是说通用设计是尽可能地扩大使用人群的范围。在该阶段需要逐步明确涉及的主要使用者范围，比如健常者内有习惯右手的人也有习惯左手的人，将一般情况下只适用于习惯右手的产品，扩展成左右手通用也是通用设计的思考方向之一。另一方面，视觉障碍者分全盲、弱视、色觉障碍，不同的视觉障碍需要考虑的通用设计因素也不同。在发现弱势群体使用产品问题的同时确定解决问题的目标人群是第一步，如表 3-1 所示。

目标群体分类表 **表3-1**

用户群体	具体对象
1.握力较弱的用户	高龄者
2.身材娇小用户	儿童
3.视觉障碍用户	红绿色觉障碍者
4.健常者	文职人员

2. 使用目的

就是以通用设计的理念为基准，从不同类别用户的使用视角去思考，使用该目标产品能为这些不同类别的用户带来怎样的便捷或不同。比如设计目的是提高高龄者使用该产品的效率，就可以从简化功能、放大按键、改变色彩等方面着手。

3. 使用环境

产品设定的使用环境、场所不同，直接影响产品的形态、功能，使用时的姿势、状态等。使用环境的探讨主要有以下三个方面：

（1）使用场所状态：气候环境、声音环境、温热环境、视觉环境、环境的不安定性；

（2）使用场所设计：场所、用户的操作姿势、位置；

（3）使用场所安全度：卫生、防卫措施。

使用场所大体可以分为室内和室外。室内又可以分为家庭使用、办公场所使用、医院使用等。随着使用场景的变换，产品的形态就会有不同的模式，比如固定模式和携带模式，操作姿势也会有站立式或蹲坐式的区别；其次，产品也受环境模式的影响，比如光线的明暗程度或环境声音的嘈杂程度也对产品的设计产生直接的影响。因此，在作通用设计要素整理的时候，需要将使用条件的设定也列入探讨范围内。图 3-1 所示为松下公司在研发斜面式滚筒洗衣机时，对洗衣机的使用环境所作的调研。左图为对洗衣机的使用场所以及使用场所安全度作分析，右图为针对不同角度开口的洗衣机，作用户操作姿势的分析。

4. 使用现状的调查

使用现状的调查就是了解各类用户对于目标产品在市场中的评价，设计师理解评价并明确产品的正确使用状况。使用现状的调查首先从功能、性能、外观的特征展开分析，特别是在功能方面，分析使用的便利性、可用性等。调查中发现最需要改善的地方即为该设计的概念切入口。用户使用产品时对于不满意的地方有时候是强烈的，有时候也可能是隐约的、尚未明确察觉的，需要设计开发人员结合多种通用设计的系统评价法去努力发现问题点。

3.1.2 明确用户需求

该阶段可以采用“行动观察记录法”对目标用户群体的需求进行调查。主要是对于现有同类产品问题点的分析，听取用户使用后不满意的地方和意见。通过“行动观察记录法”找寻用户在使用过程中达成率低的某些行动，分析操作上的问题点，明确、整理改善项目。整理方式如表 3-2 所示。究竟是选择和市场中竞争对手相似的设计使用

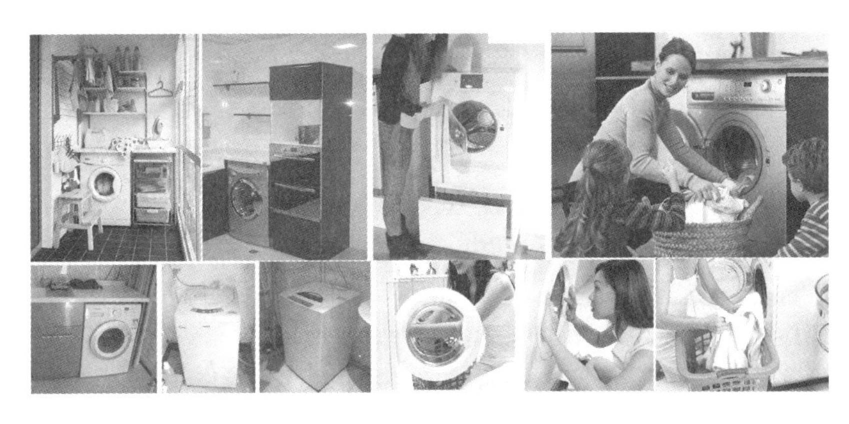

图3-1 用户使用试验

户更有亲近感，还是完全展开崭新的概念进行设计，是较难权衡的地方。比如现在有很多通用设计为寻求满足不同用户在功能上的需求，最终得出与众不同的设计形态，虽然这样的设计可以让不同的用户找到各自舒适的使用方式，但从另一方面来看也是限定了用户的使用自由。

目标用户群体行为分析表 **表3-2**

产品名称		使用环境	使用场所	产品构造				
	通用设计 原则	基本行动	详细动作	用户群体				
操作性	1.平等使用 2.弹性使用 3.简单性和直觉性的设计 4.感觉清晰的设计 5.对错误的承受度 6.少用力 7.尺寸和空间适合使用	准备 ↓ 开始操作 ↓ 读取信息 ↓ 认知、判断、理解 ↓ 操作 ↓ 操作完毕 ↓ 维护、保养						
有用性	1.经济持久性 2.对人体和环境无害 3.功能与性能							
产品魅力	品质优良且美观							

3.1.3 寻找产品概念、提出解决问题的方案

1. 找出问题点

在上一阶段明确用户需求时执行的“行动观察记录法”表格记录中应已发现多个问题点。整理这些问题点，将问题点根据重要度排名，从中得出设计定位。另一方面可以依靠电子仪器，解析试验结果。松下公司在开发卫浴新产品，寻找设计概念时进行的试验，其目的是对清洁浴缸操作中的人体负担作定量化研究。在设定冲洗、洗剂、浴缸侧面清洗、浴缸底面清洗、清洗等五个操作步骤之后，通过 15 名被试验者作了以下两种评价和解析。

（1）肌电图解析：对脚、腰、大腿、小腿等六个部位进行肌肉活动的测量。解析结果为擦拭浴缸内侧和底面时，全身肌肉的负担最大。图 3-2 所示为清扫浴缸时的人体肌肉负担，执行各项操作时全身肌肉状态的变化。

（2）动作解析：计算平均前屈角度到腰部的负担。解析结果和肌电图相同，擦拭浴缸内侧和底面时，前屈角度最大，腰部的负担最明显。图 3-3 所示为清扫浴缸时用户的身体负担，执行各项操作时前屈的变化。

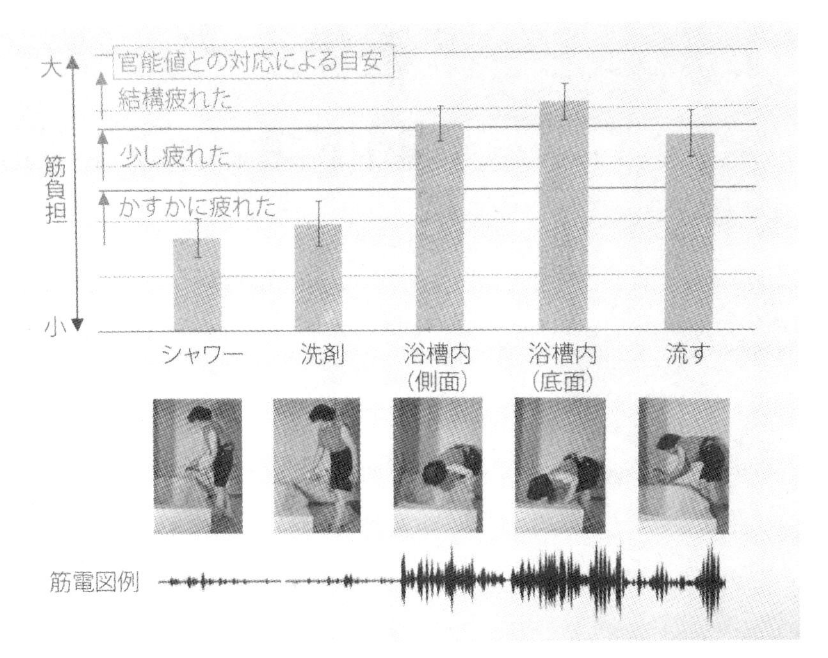

图3-2　肌电图解析

2. 设计展开

根据前一阶段问题点的整理和设计调查展开设计，提出改善方案。该阶段需要进一步明确设计 5W1H 产品的定位、产品的使用环境、具体对象、操作的时间、使用目的以及具体的操作方式和流程。在明确设计要素时，可以使用情景设计（scenario based design）的思考方式，根据使用场景的想象来提炼产品的使用过程。在思考 5W1H 的基础上，继续丰富细节上的设定，比如想象用户一天的日常生活，对出现问题的反应，假设某事件的发生状况。通过这种故事性的情景设计可以帮助设计从用户的角度，丰富产品的细节设计，确定完整的产品服务系统。图 3-4 所示为日本 TOEX 的公共扶手的通用设计探讨过程。通过设计调查以“让更多的人安心使用的扶手”为设计目标，对扶手的形状、材质等进行一系列的探讨，最终得出蛋形扶手的设计方案。

3.1.4　方案验证，通用设计评价

制作评价专用的原型、试用品，进行用户评价。此阶段的用户评价的目的是发现设计方案的问题点，明确改善方案的方向。可采用访谈与问卷调查的形式结合调查用户的直接观察与记录，然后整理分析评价数据，改善设计方案。该评价可以反复适用于其他各阶段。具体步骤如下。

1. 规划评价试验

（1）选定被试验者，根据设计所设定的用户群体选择被试验者类型和人数。

（2）明确通用设计的评价要素：包括试验目标、评价测试时间、主题、内容。

图3-3 动作解析

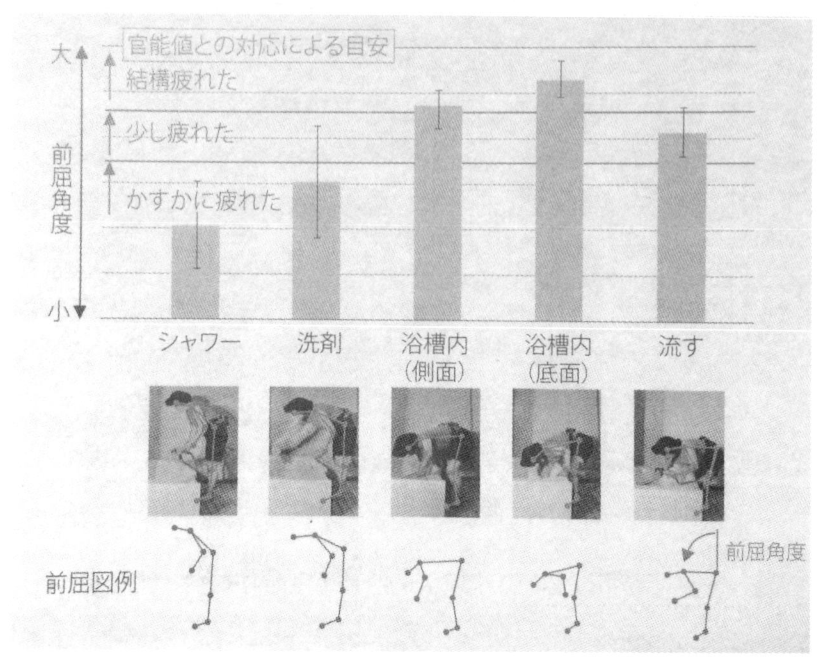

图3-4
TOEX公共扶手通用设计试验

（3）探讨试验主题、情景设置、试验实施的操作内容：就是分析用户从准备到结束，顺利完成产品操作的每个行为动作、姿势、使用顺序及详细步骤。目的是了解使用者的需求与产品机能之间的吻合度。

（4）通用设计评价试验准备：通过使用者操作及行为的直接观察，找出问题点，明确改善项目。评价试验阶段需要进行人员分工：记录人员，被试验者言行观察人员等，摄像、拍摄人员；需要准备的材料、工具：有相机、摄像机之类可记录调查群体行为的设备，以及评价试验的道具。需要决定试验目的和方法、操作内容、操作顺序等。

2. 试验原型制作

用于通用设计系统评价的原型、试用品类型有以下三种：

（1）操作界面原型的制作，主要用于手机、电脑屏幕等界面的操作流程的认知评价。

（2）与实际尺寸等大的模型制作，在没有实体产品的情况下，与实体等大的模型主要用于产品物理、生理、感觉方面的评价，比如产品使用方式的可行性、大小尺寸的合理性、空间布局的适用性等。

（3）以上两者结合，主要用于需要操作流程的认知方面与产品物理层面的双方评价的产品：比如车载机器、自动贩卖机、手机等设计。

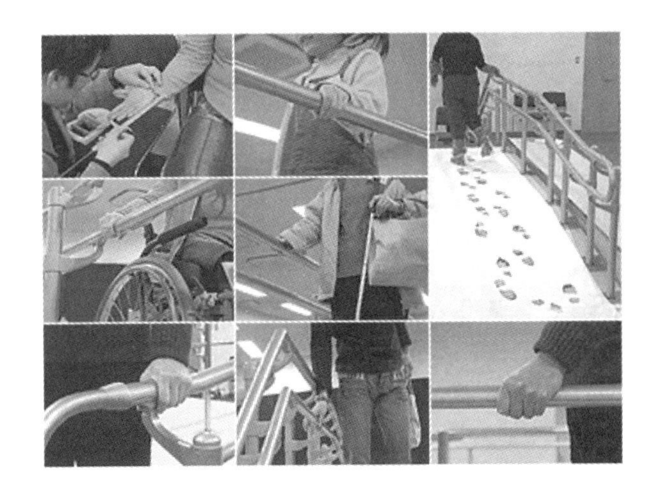

图3-5
TOEX公共扶手通用设计评价试验

3. 原型评价试验实施

根据上述制作的原型进行评价试验的流程为：

（1）确认被试验者的个人信息（年龄、性别、身高、工作、健康状况、操作经验、使用频率等）；向被试验者介绍各设计方案原型、模型的特点，试验操作流程。

（2）被试验者操作样品：待被试验者充分理解试验内容和操作流程后，开始试验。注意操作时间的控制，务必在有效的时间内完成操作。

（3）观察记录：把握问题点最为正确及有效的方式莫过于面对用户，在实际使用场景作直接观察。前提当然也要保持一种日常学会观察的习惯。找到问题点的阶段是做通用设计非常关键的一步。此阶段要注意观察被试验者的行为，记录下操作过程中的问题，同时用摄像机录下整个过程，以便反复观察、寻找遗漏点。

图 3-5 所示是日本 TOEX 的公共扶手的通用设计评价试验场景。被试验者为 20、30、40、50 岁的健康者、身材高大与娇小者、视觉障碍者、步行障碍者、轮椅使用者等不同年龄层、不同身体状况的用户，对样品进行设计评价试验。

4. 数据分析

对操作记录中收集到的数据进行分析和主观评价。数据分析采用定性和定量的方式。定量数据主要测试被试验者完整操作的时间、局部操作的时间、误操作的次数等，然后对被试验者作问卷调查，让被试验者在试验完成后自由发话，谈试验后对各个方案的感想和意见；定性数据分析主要通过对被试验者进行访谈，观察被试验者说话的内容、行动的样子，了解发生状况的原因，获取试验中遗漏的信息。从这些大量的信息中发现问题并进行分析。图 3-6 所示为松下公司在做卫浴开发设计时的评价实例。对于使用时身体重心变化和肌肉负担等作科学的数据解析，将用户的动作特性、身体负担的感知作可视化、定量化的分析，用于通用设计评价阶段。

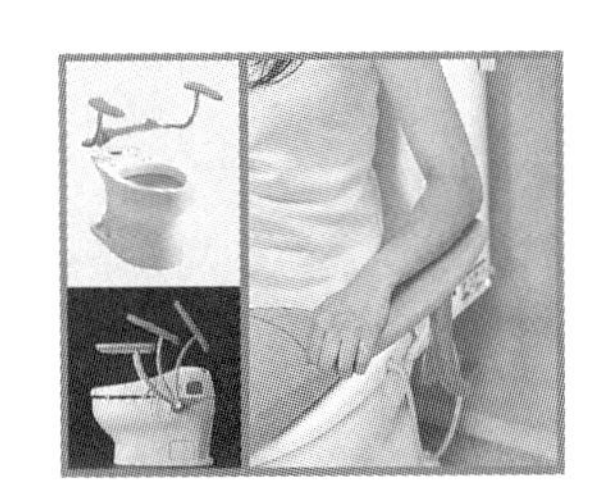

图3-6
卫浴开发设计评价

3.1.5 方案完善

根据上述设计评价阶段的分析，找到改善问题点的解决策略，加入评价中被试验者的需求，探讨设计方案变更或改良的策略，最终将设计商品化。

3.2 通用设计实践方法

通用设计试验基本采用定量和定性的研究方法。

定性研究和定量研究的根本性区别有三点：首先，两种方法所依赖的哲学体系（philosophy of reality）有所不同。作为定量研究，其对象是客观的、独立于研究者之外的某种客观存在物；而作为定性研究，其研究对象与研究者之间的关系十分密切，研究对象被研究者赋予主观色彩，成为研究过程的有机组成部分。定量研究者认为，其研究对象可以像解剖麻雀一样被分成几个部分，通过这些组成部分的观察可以获得整体的认识。而定性研究者则认为，研究对象是不可分的有机整体，因而他们检视的是全部和整个过程。

第二，两种研究方法在对人本身的认识上有所差异。量化研究者认为，所有人基本上都是相似的；而定性研究者则强调人的个性和人与人之间的差异，进而认为很难将人类简单地划归为几个类别。

第三，定量研究者的目的在于发现人类行为的一般规律，并对各种环境中的事物作出带有普遍性的解释；与此相反，定性研究则试图对特定情况或事物作特别的解释。换言之，定量研究致力于拓展广度，而定性研究则试图发掘深度。

由于方法论上的不同取向，导致了在实际应用中定量方法与定性方法明显的差别。这主要体现在如下几个方面：

（1）研究者的角色定位：定量研究者力求客观，脱离资料分析。定性研究者则是资料分析的一部分。对后者而言，没有研究者的积极参与，资料就不存在。

（2）研究设计：定量研究中的设计在研究开始前就已确定。定性研究中的计划则随着研究的进行而不断发展，并可加以调整和修改。

（3）研究环境：定量研究运用试验方法，尽可能地控制变数。定性研究则在实地和自然环境中进行，力求了解事物在常态下的发展变化，并不控制外在变数。

（4）测量工具：定量研究中，测量工具相对独立于研究者之外，事实上研究者不一定亲自从事资料筹集工作。而在定性研究中，研究者本身就是测量工具，任何人都代替不了他。

（5）理论建构：定量研究的目的在于检验理论的正确性，最终结果是支持或者反对假设。定性研究的理论则是研究过程的一部分，是“资料分析的结果”。

下面针对各类方法逐一展开讲解。

3.2.1 用户体验法

如前面章节所述，通用设计的出发点更加强调“以用户为中心”，因此一方面设计团队通过观察各类用户的使用行为以及对他们的使用体验进行记录是获取用户体验第一手资料的最好的方法；另外，为了更加客观地站在不同使用者的角度周详考虑，设计团队可以利用各种工具让设计者亲身体验各种使用者的使用状况。

以高龄者为例，青壮年的设计者可以佩戴特殊设计的眼镜模拟高龄者相对模糊的视力，在感同身受的前提下，即能了解文字与图标的大小、形式、对比、配色等属性应当如何选择才能满足高龄者的需求；或是戴上特殊设计的手套以模拟高龄者退化的触觉，便能体会压力回馈对于按键等输入装置设计的重要性。以肢体障碍者为例，乘坐轮椅可以帮助设计者深刻感受到此类使用者对于适宜空间的需求，还有助于体会尺寸之外的其他相关因素，例如乘坐轮椅时实施操作的可能性与便利性、能否维持稳定与平衡等；另一方面，利用耳塞或墨镜则能模拟听障者与视障者的状况，可以实际测试听觉与视觉之外的信息辅助是否充足，并验证能否维护使用者的安全。

1. 高龄者体验

2006 年，中国美术学院的陈晓蕙教授带领着学生展开了一次别开生面的为老年人而设计的体验课程。她用从日本带来的一套高龄者体验装置让学生戴着特制红色镜框大眼镜、身穿装满沙包的背心、脚上套着塑料鞋套、关节绑着特制护膝，像一个外星人一样去爬楼梯、去挤公交车、打电话……经过几天的模拟老人体验生活，学生们说：“平日里看见老年人走路缓慢，上公交车跨台阶也很吃力，这下子明白为什么了。”“腿好重，关节不灵活，稍微走点路，腿就不听使唤，一般的台阶还勉强能跨上去，高一点的就费力了。”“走路、跑步、拨电话号码以前都是小儿科的事情，现在却很难。特别是这双老花眼，看东西就像是隔了一层纱，好难受。”“别人说话不得不很大声，因为我带着特制耳塞，耳朵很‘背’。声音就像从遥远的地方飘来，隐隐约约，若有若无，使劲儿地想听清楚，但就是不清晰。”“半小时过去后，已经是腿酸背疼。下回在公交车上碰到老人，一定要第一个站起来让座。”

作为设计师，如果没有到达这个年龄是无法想象和体会老年人在生活中是一种怎样的状态的。日本进入老龄化社会比较早，因此他们在老年人设计考量上的研究也比较领先。比如他们的高龄者疑似体验装置就是为研究老年人在生活中会遇到什么问题进行体验的设备，如图 3–7 所示。

这一套老龄化体验装置也可以自行制作，用滑雪护目眼镜、工作手套、保护耳塞、砂袋、大雨鞋等来进行模拟。Bosch–Siemens 公司的设计没有特别提出通用设计的标识，但是他们的设计流程采用了高龄者体验装置进行研发，让设计者体验身体机能巅峰期结束后的生活状态，亲身感受老化的处境。于是加大的按钮、放大的文字、功能模块削减、加大设备尺寸、界面简化等设计脱颖而出，而这些并不会和外观造型的美相冲突。设计师的职责就是在最好用和最美之间找到这个平衡点。图 3–8、图 3–9 所示是德国 SDXC 公司提供

图3–7
高龄者疑似体验装置

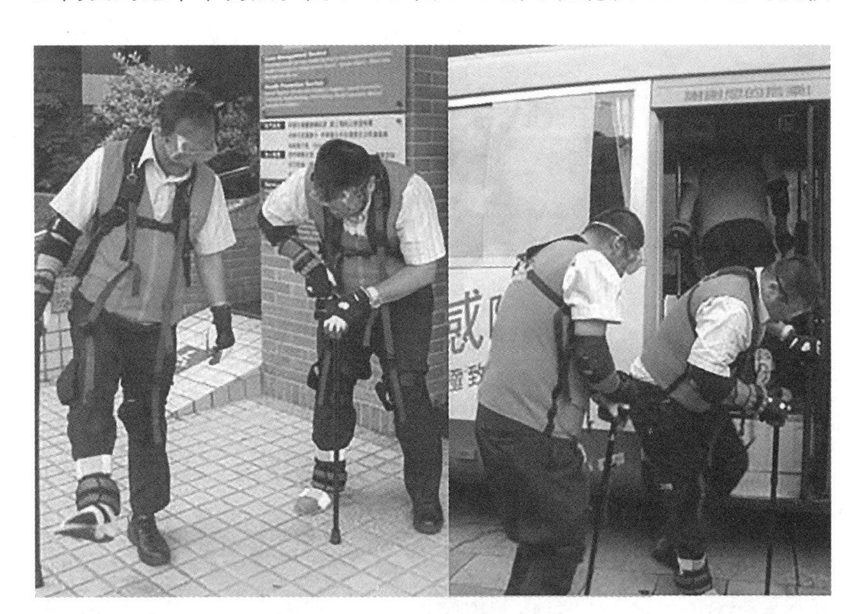

图3–8
SDXC公司的老龄者体验装置（一）

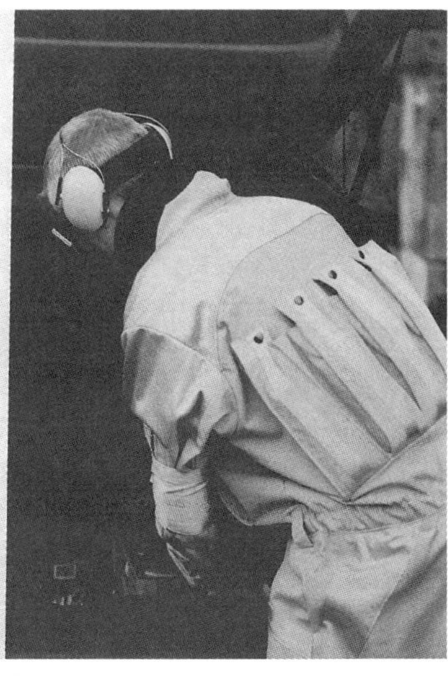

图3-9
SDXC公司的老龄者体验装置（二）

的老龄者体验装置。

2. 视障者体验设计

视障者在日常生活、社交、工作和学习方面除遭遇视觉屏障之外，其他方面与常人并无太大差异，视障群体对于生命的追求期待和健常人是一样的，甚至有些重度视障者在听觉、记忆、逻辑思考等方面秀出于常人所能者不乏其例。日本针对视障群体的设计有专门的研究，他们称之为“晴盲共游”。所谓“晴”是相对于“盲”而言是指有正常视力的人；“晴盲共游”是指一般人和视障者一起进行交互活动。基于通用设计理念的“晴盲共游”概念的提出是期待全民文化娱乐推进过程中以产品共用、娱乐共游的实现来消除视障者与正常人之间的心理障碍及交流障碍，对视障者的关怀不仅仅体现在给他们提供特殊使用的娱乐产品，而是融入“共玩通用”的理念，让他们和正常人能够毫无差别地一起娱乐，感受到平等和自尊，推进参与者之间的互动交流，真正意义上实现人性关怀，通过设计传达人文社会、和谐社会的理念。

在进行视障者通用设计时，设计师可以通过蒙住双眼的方式进行体验和感受视障生活存在的问题以及一些通用解决方案。另外，也可以邀请视障者成为设计体验的试验参与者，通过观察视障者的操作行为分析其使用的通用性要素。

以玩具设计为例，1990 年代初期日本首次提出“晴盲共游玩具”的概念。1980 年日本汤玛仕公司成立了“障碍 HT 玩具研究室”，研究宗旨是不要花费额外的成本，直接对一般小朋友的玩具进行改进，让有障碍的小朋友也能玩，这就是“共游玩具”概念产生的开端。1990年，日本玩具协会成立了“共游玩具推广部”，制定“共游玩具”的标识，玩具包装上标有导盲犬图案（拉布拉多）的就是视觉有障碍的小朋友也能一起玩的玩具，并且在1992年由英国、美国、瑞典等14个国家参加的国际玩具产业会议（ICTI）上受到认可，并在这些国家开始推动“晴盲共游”概念。玩具是激发儿童想象力和协助幼儿智能认知发展的工具，透过各种游戏、借助各种玩具传达给幼儿某种意义，儿童借此表达个体的想象并且融入社会互动情绪。最初在提供共游玩具的选择上一般利用在产品或包装上加贴纸或者加印盲文、标记的方式，这种做法简便、节省成本。而随后随着设计发展的深入，共游玩具提供了更多渠道的补足：比如听觉、嗅觉等其他感官感知的方式；给视弱者提供辨别光影的方式；通过材质质感不同获得更多触觉的方式。在日本，现有厂家在开发共游玩具上侧重通过解说的游玩方式来引导视障儿童学习如何操作、玩耍及增进学习效果。有一点必须公认的是，无论通过何种方式，都应该建立在所有儿童都可以玩、都喜欢的基础之上，而不是局限在特定群体范围内的使用和游玩，只有这样才是真正意义的共游，无论对于企业还是玩具本身才能够持续发展下去。

日本玩具协会2011年调查显示，日本玩具的销售2011年增长103.5%，也就是说玩具的开发空间和潜力是非常巨大的。玩具协会的共游玩具推进部也于2011年新出版了共游玩具汇总手册，这里共游的包括视力、听力等方面存在一定障碍的儿童。共游玩具从形的触觉分辨、声的强弱识别、光的识别、振动提示等方面来进行开发和设计；在电池安装、标识凸起、色彩区别、动态提示等方面进行一系列的规范。比如对凸点尺寸的规范要求是凸点必须在直径1.5~2.0mm的范围之内，凸起高度在0.5~0.8mm范围之内；对电池安装的规范要求是边缘2mm间距，高度在0.5~0.8mm范围之内。这些标准规范一方面是在调研的结果之上为共游儿童提供了一个最便捷识别和进行游戏的产品要求规范，另一方面为践行开发共游玩具的企业提供了一个通用生产的标准。在形的触觉分辨上，采用具象的形态或是凸点提示的方法，孩子用触摸的方式感知并参与到游戏中，采用声音提示的共游玩具通过发声的引导提示儿童展开游戏。应该说日本人对于人性关怀的关注、国家玩具工业、设计业的发达程度等综合因素导致了日本不仅是共游玩具滋生的摇篮，也是共游产品发展的沃土。表3-3所示为晴盲共游两类用户的共同使用体验试验。

晴盲共游用户体验试验　表3-3

	视力正常者在蒙住双眼和视障者玩此类游戏，由于视障者的听力灵敏度高于视力正常者，所以比赛结果反而是视障者好
 	在失去视觉引导以及没有扔飞镖的经验的前提下，不能完成正确的抛物线投掷。很多情况下是横着平甩或上抛。需要在飞镖设计上作进一步改进
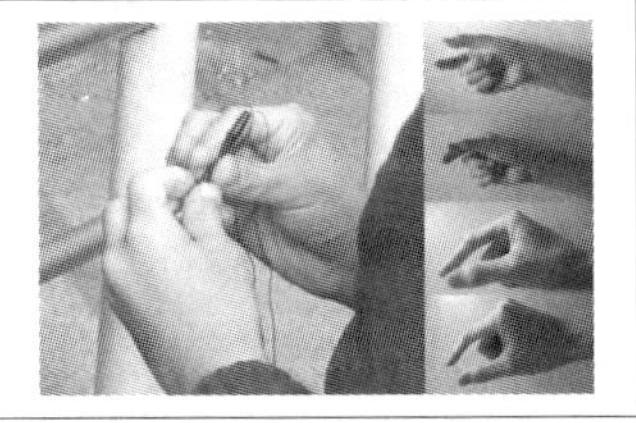	在失去视觉指引的前提下，如何正确握住飞镖需要通过设计进行引导
	在回收飞镖的过程中，视障者需要一定的提示以便找到丢落的飞镖

这样的体验试验需要在修正和试验的过程中不断反复展开，直到最终产品真正意义上实现通用共游的理念。

3.2.2　人机工程分析方法

就生理层面而言，设计上最常遇到也是最基本的问题，就是“是否符合人体的特性”。人机工程学就是针对这个问题的一门学科。人机工程学的分析方法不仅适用于产品开发、设计领域，其“以使用者为中心”的设计理念和通用设计是一致的。国际标准化机构在ISO9241-2010规格中对“以使用者为中心设计”（HCD: Human Centered Design）的思维方式定义：就是基于对话结构的原则，通过人机工程学、可用性的知识和技法，提升系统操作性的设计开发方法。这里的对话结构所指的是用户信息输入、信息返溃、软硬件等，比如iPad的触屏系统表现。

人机工程学分析思维方法的变迁始于人机关系的设计思考，比如对把手的形状、机器类的配置、显示的设计关注和人体的尺寸、直觉特性的研究；然后随着电脑的产生，开始研究信息处理的形式和能力；接着在进入了高度计算机化的时代，社会劳动环境、劳动者的结构发生了变化，妇女和老龄者的劳动人群开始增加，于是之前的微观分析方法不再适用，必须以更广阔的视野展开综合性的分析方法；到了今天，人机工程学的思维重点开始转向工作、操作的愉悦性和趣味性。

目前，国际上对于人机工程学的定义为：把人—机—环境系统作为研究的基本对象，运用生理学、心理学和其他有关学科知识，根据人和机器的条件和特点，合理分配人和机器承担的操作职能，并使之相互适应，从而为人创造出舒适和安全的工作环境，使工效达到最优的一门综合性学科。

人机工程学主要侧重于对人生理层面的物理数据分析：比如人体尺寸静态与动态测量，前者包含人体的长度（length）、宽度（breadth）、深度（depth）、围度（circumference）等各种尺寸（size）；后者则是人类在活动时可伸及的范围（reach envelope）以及各个关节的最大活动范围（range of motion），人的肌力测试、受力点分析、人的视、听、触等感知能力，环境基本测量（温度、湿度、光照、噪声、辐射、空气等）以及工作场所的基本测量（几何、物理测量等）等，人机工程学是较为科学和理性的学科。设计可以通过了解这些人体的特性之后，作为产品与设施的设计依据，发展合身的产品，以提升使用的效率、舒适度及安全性。

在设计上涉及人体尺寸的因素时，可以用“极限设计（extreme design）”、“平均设计（average design）”与“可调设计（adjustable design）”三种方式。“极限设计”是以所有人口中最大或最小的尺寸为基准，发展让所有人都适用的设计，例如门框的高度必须考虑到身高最高的使用者，只要200多厘米的巨人都可以通过，那么对于其他使用者来说，就绝对没有问题了；“平均设计”则是以所有人口尺寸的平均值为基准，如此既可以满足大众，对于极大或极小的极端者来说，也不会有太大差距，例如大众运输的座椅，就是以平均设计为依据；如果希望让每一个使用者都有合身的感觉，就必须采取“可调设计”，此原则是针对绝大多数使用者的尺寸，设定可以调整的范围，尽可能让每个人都能找到最合身的选择，例如汽车驾驶座的座椅，即可依照身材的高矮调整其前后，帮助使用者找到最佳的驾驶姿势。

设计必须考虑到人们活动时使用产品的需求，所以在人体测量时还必须进行“可伸及范围”与“关节活动范围”的数据记录。“可伸及范围”是根据一个人身体部分固定时（例如站或坐），将双手与双脚可伸及区域的范围描绘出来，此范围即属于能够不费力、轻易达成的工作范围；应用在产品或设施的设计时，就是要让操作的组件都分布在这个范围之内，一方面可以降低体力的消耗、排除不必要的重复动作，另一方面也能够防止使用者因为采取极限姿势而施力不当，引发肌肉骨骼伤害或肇生影响安全的错误。而“关节活动范围”是将此概念进一步延伸，将范围缩小至各个关节的活动，例如考虑腰椎的活动范围，贩卖机的产品出口高度就不应该设置得太低，以避免使用者弯腰拿取时必须做出接近极限的动作，因而引起腰部的伤害，尤其高龄者有着关节活动度衰退的现象，更需要利用设计来保护他们的健康与安全，降低受伤的风险。

除了上述动态和静态的数据测量，使用产品时的“施力点和负荷”也是另一个值得探讨的问题。通用设计原则中有专门一项原则就是为了达到“省力”的目的。所以，在导入通用设计理念的设计过程中，必须展开使用者以最小的施力来完成工作任务的试验。所以，针对不同产品必须了解各种施力方式以及结果。还有，必须考虑使用者施力的姿势，因为随着姿势的变换，力量也会有所不同，例如坐着时的推力一定小于站立时的推力。设计者必须根据真实操作时的各种状况，模拟并测量力量的差异，才能发展适用于不同用途的通用设计。

人机工程学方法可以提供量化的参考数据，帮助设计者打造合身的产品，并保证使用者能够维持较佳的姿势，省力而轻松地完成操作，提升整体的效率、舒适度与安全性。图 3-10 所示为公交车把手现有用户使用状态分析；表 3-4 所示为公交车把手使用者抓握方式分析；表 3-5 所示为不同抓握方式在不同车况下的手掌受力点分析；表 3-6 所示为根据上述试验制作的试验模型进一步展开用户使用分析。

3.2.3 设计心理学试验方法

从人机工程学的定义能够看到其研究的内容之一是心理学。因此，可以这样理解：设计心理学是工业设计学科发展到一定阶段，从人机工程学学科中分离出来，对心理学内容进行更深和更广泛层次研究的学科。设计心理学发展成为和人机工程学平行的一门设计学科后，在学习上就可以有所侧重。人机工程学主要侧重于对人生理层面的物理数据分析：比如人体尺寸静态与动态测量、人的肌力测试、受力点分析、人的视、听、触等感知能力；环境基本测量（温度、湿度、光照、噪声、辐射、空气等）以及工作场所的基本测量（几何、物理测量等）等，是较为科学和理性的学科；而设计心理学主要是研究对客观物质世界的主观反应：比如喜、怒、哀、乐等情感体验；人的视、听、触等感

座椅形态 \ 使用率	局部	数值	比例	分析
1	A	115	61.17%	A区为主要使用区域 B区为有一定使用量 C区为较少使用
	B	67	35.64%	
	C	6	3.19%	
2	A	21	70.00%	A区为主要使用区域 B区为有小部分使用量 C区为较少使用
	B	7	23.33%	
	C	2	6.67%	
3	A	6	31.58%	B区为主要使用区域 A区为有一定使用量 C区为较少使用
	B	11	57.89%	
	C	2	10.53%	
4	A	29	56.86%	A区为主要使用区域 B区为有一定使用量 C区为较少使用
	B	14	27.45%	
	C	8	15.69%	
5	A	16	72.73%	A区为主要使用区域 B区为有一定使用量 C区为较少使用
	B	2	9.09%	
	C	4	18.18%	
6	A	7	63.64%	A区为主要使用区域 B区为有一定使用量 C区为基本无使用
	B	4	36.36%	
	C	0	0%	

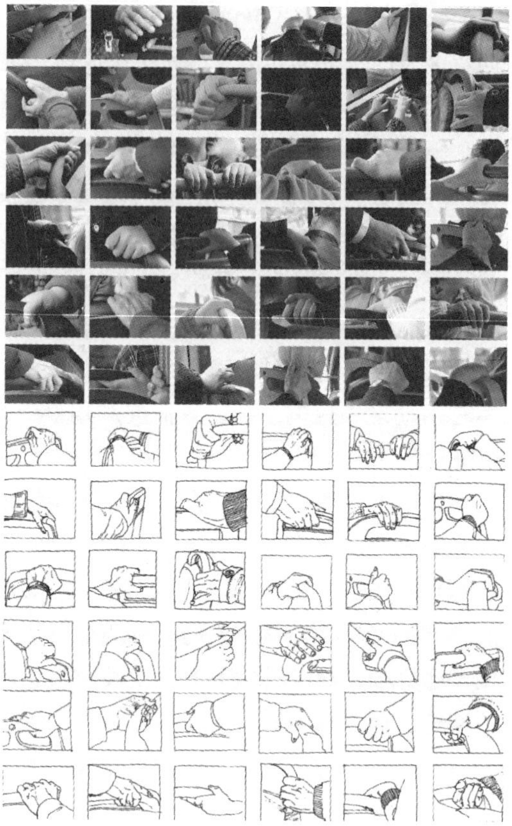

图3–10
公交车把手用户使用状态分析

使用者抓握方式分析　　表3–4

手形	抓握受力分析	手形	抓握受力分析
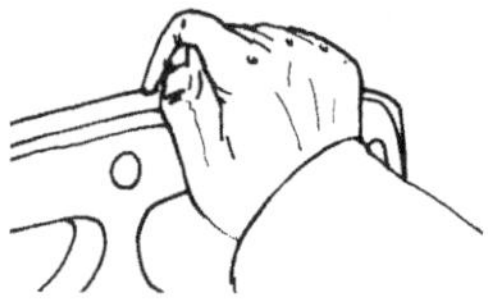	大多以坐的姿态出现的手的基本形态，手指承受着较大的力，基本以放松的姿态出现	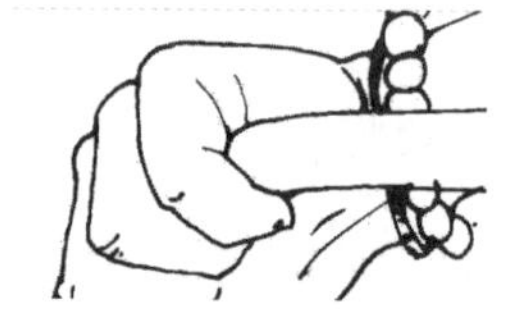	单手反手抓握，站立使用较多，在扶手的拐角处，更好地贴合手掌心，受力均匀，对于施力者，此手形会使腕关节疲劳
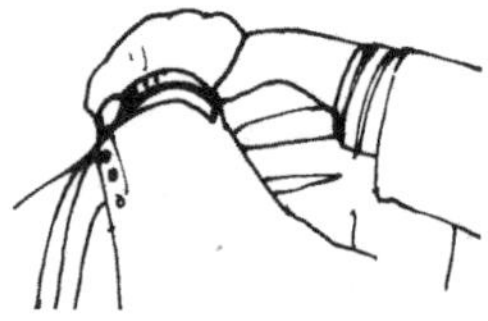	双手叠放，大多以坐的姿态出现的手的基本形态，因其没有较稳固的受力点导致此手形的稳定性较差		单手搭扶，基本以手指小幅度受力，大多在平稳状态下使用，因其为特殊手形，导致稳定性相对较差
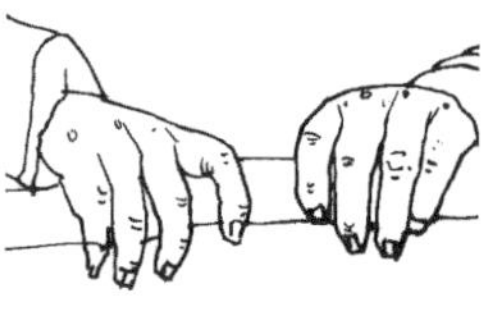	双手抓握，在各种基本手形中相对较稳固，受力分布在全部手掌，均匀受力，较舒适	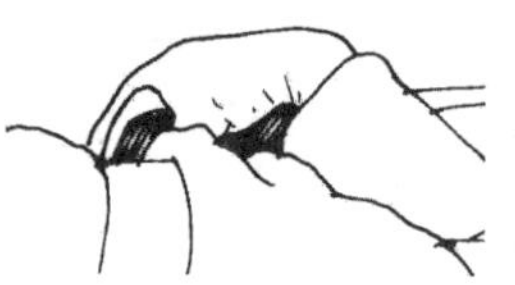	单手内握式手形，接触面积较大，包括手指、手掌、手心、手腕，此手形受力均匀，稳定性较好且舒适

续表

手形	抓握受力分析	手形	抓握受力分析
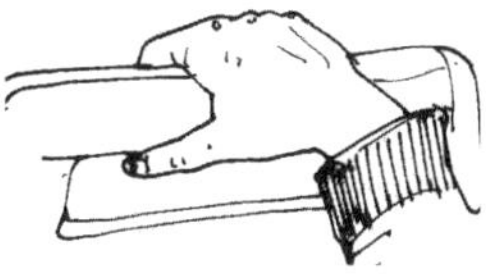	单手抓握，扶手夹于虎口内侧，以手掌和手指夹握受力，扶手贴合手掌，受力均匀，较为舒适，稳定性较好		单手内嵌式手形，姿态较为放松，以虎口及掌心为受力点，结合拇指与食指夹握，受力均匀，较为舒适，但稳定性欠佳
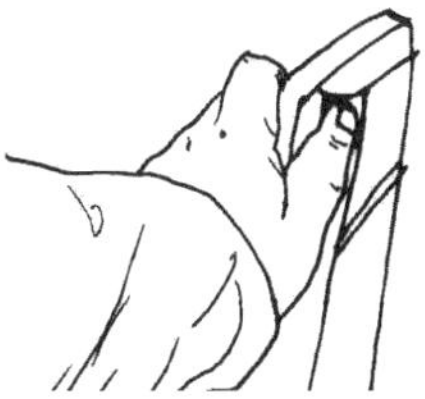	单手抓握，握于此处的人相对来说身高较矮，以拇指和食指施力，受力集中，较不舒适，因其手里面积较小，稳定性较差	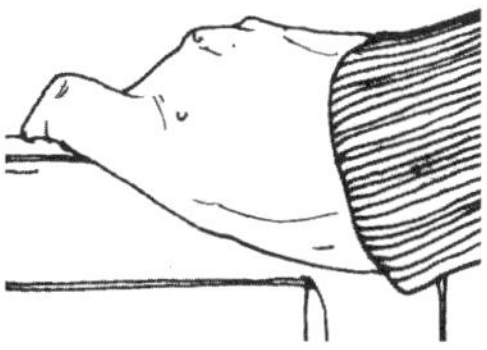	侧身内握式手形，掌心位于扶手拐角处，增大接触面积，受力均匀，夹握的手形，相对较为稳定
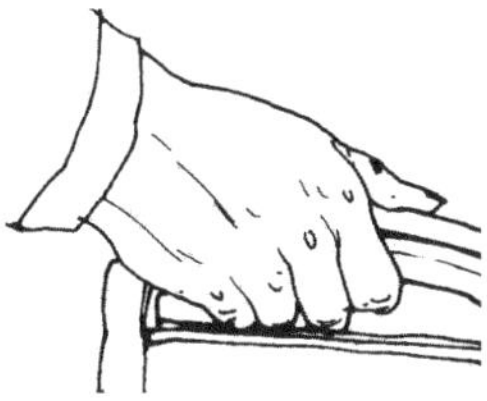	单手抓握，手指和拇指夹握受力，基本以食指和拇指为主，因受力面较小，稳定性相对欠缺	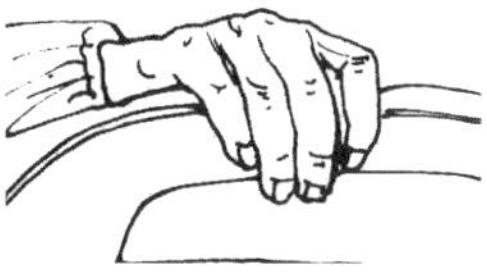	单手拉握手形，受力点集中于手指的前半部分，一般用于起身的姿态较多
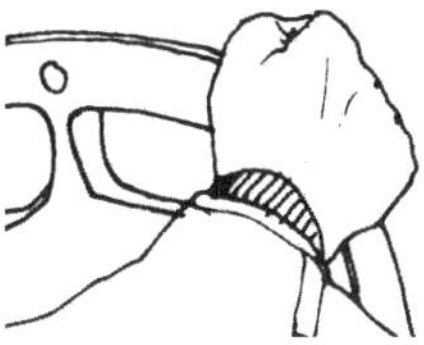	单手内握式基本手形，以手掌和手指顶部受力，内握式的手形，因其接触面积较大，使其受力均匀，较为稳固	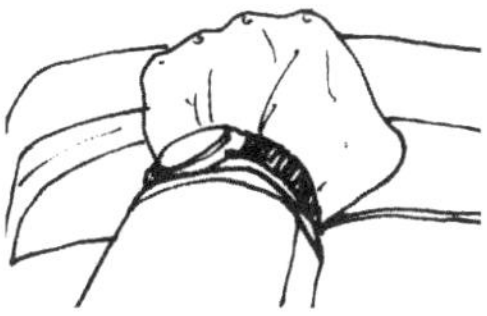	单手抓握手形，手掌、手指完全贴合扶手，受力点均匀分布，受力面积大，方便施力，稳定性极好
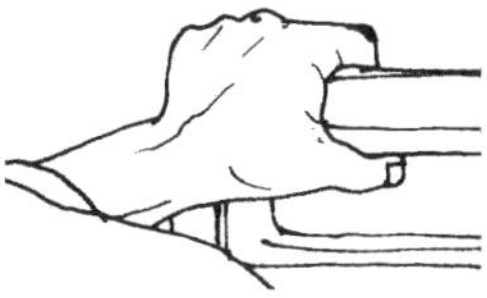	单手抓握，扶手夹于虎口内侧，扶手贴合手掌，受力均匀，较为舒适，稳定性较好，一般起身较多使用	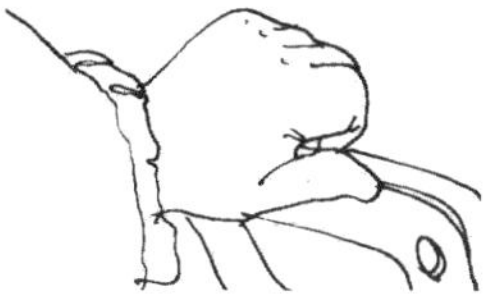	特殊手形，以指甲和手掌边缘为受力点，一般为较放松姿态下使用，受力面积极小，手掌较不舒适
	单手抓握，扶手夹于虎口内侧，扶手为圆柱形，较为完整地贴合手掌，受力均匀，较为舒适，稳定性好	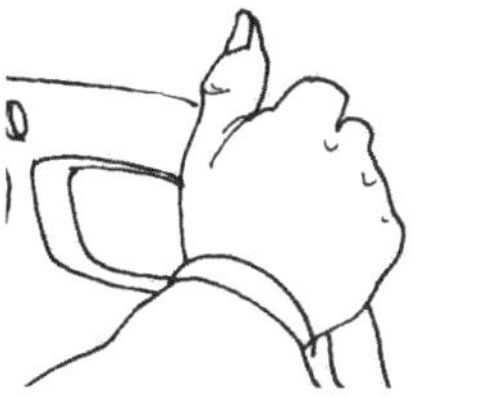	单手抓握手形，施力于扶手外侧，靠手掌与手指夹握受力，施力均匀，稳定性较好

续表

手形	抓握受力分析	手形	抓握受力分析
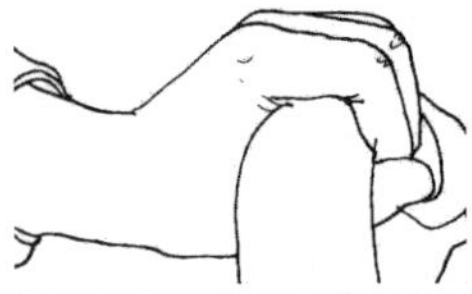	单手抓握手形，手掌、手指完全贴合扶手，受力点均匀分布，受力面积大，方便施力，稳定性极好	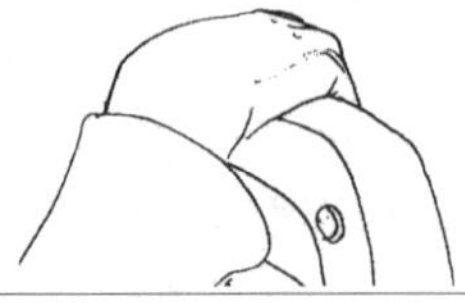	单手贴合手形，手指顶部和手掌外缘集中受力，受力集中，时间长会感觉手指疼痛，受力不平衡，急刹时很不稳定
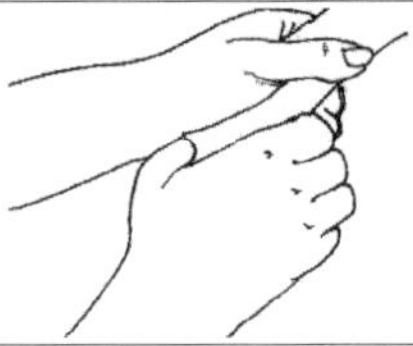	双手抓握手形，基本以拇指与食指的夹握为主，受力面积较小，虽是双手施力，但受力面积过小较为不稳定	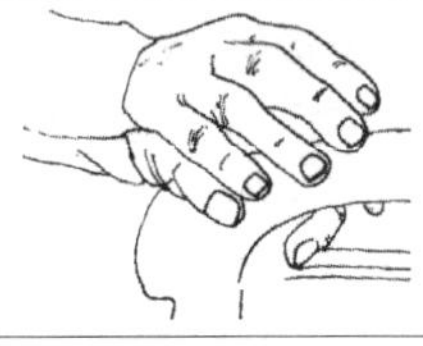	双手抓握手形，一只手集中施力，类似于单手抓握手形，另一只手辅助施力，施力较大且受力面积较大，相对稳定性较好
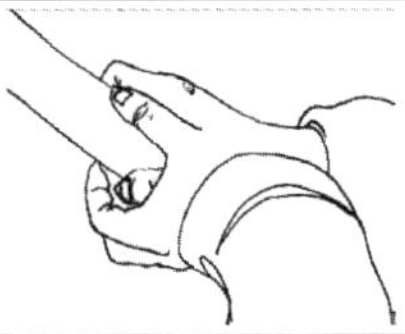	双手重叠抱握手形，扶手拐角处于手心内侧，较好地贴合手的受力分布，且双手施力，一般于不平稳状态下使用，极为稳定	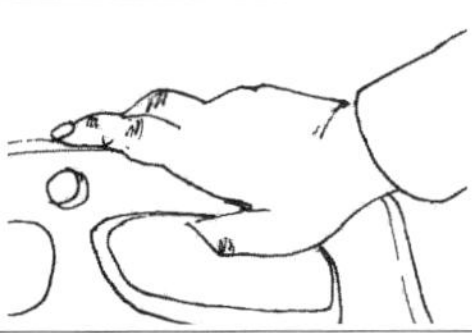	特殊抓握手形，除食指施力外的抓握方式，较大地贴合手掌，但是由于食指的局限，使得不能完全贴合，受力面积受到影响
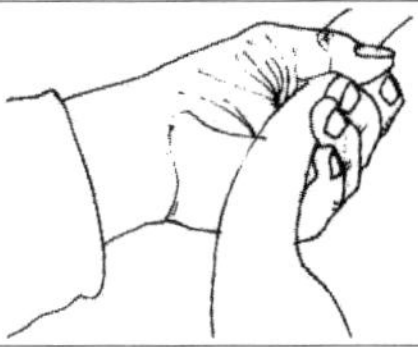	单手反向抓握手形，类似于单手抓握，相对来说，此手形手指受力较大，因其完全贴合，较为稳定，但时间长了手腕会疲劳过度	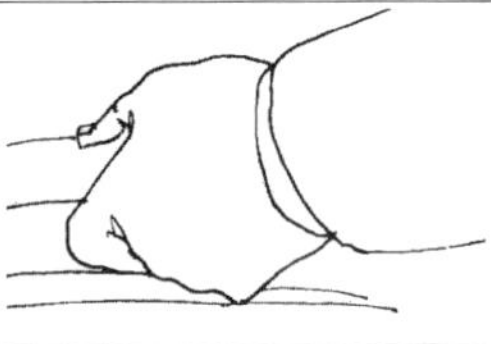	类似于单手抓握，相对来说，此手形手指受力较大，因其完全贴合，较为稳定，因其站立使用，符合手腕舒适范围，较为舒适
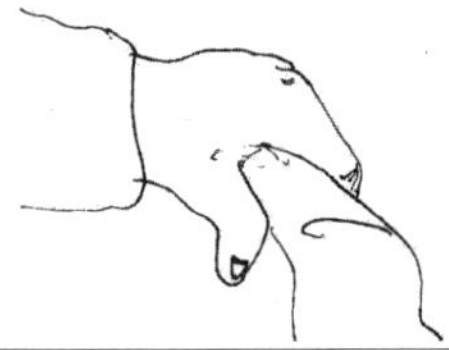	单手和压手形，由于拇指外翻，不同于单手抓握手形，受力不平衡，导致稳定性相对减弱	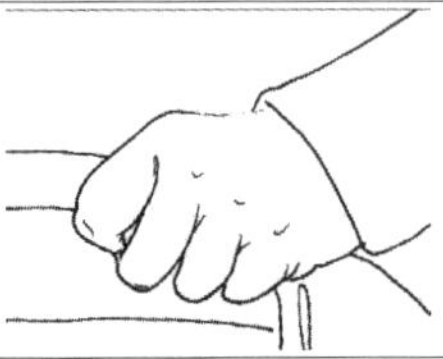	完全贴合扶手，受力点均匀分布，受力面积大，方便施力，稳定性极好，但时间长后，会使手腕疲劳，不符合手腕舒适状态
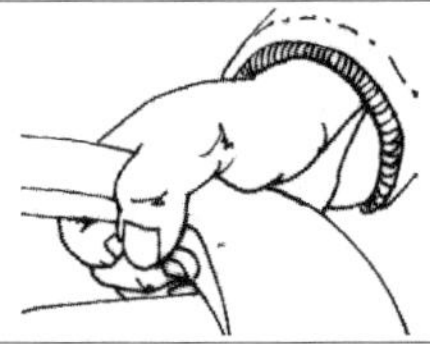	手指环抱抓握手形，靠手指与拇指肌之间的环抱施力，容易施力，较为稳定但是受力面积过小，长时间不变，手指会疲劳	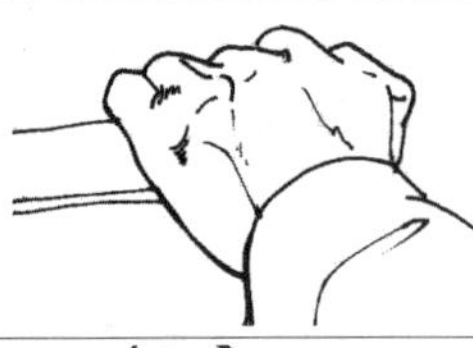	单手抓握手形，手指与手掌环握扶手，拇指辅助扣压，使扶手拐角处完全置于手掌之中，受力面极大，稳定性极好，较为舒适
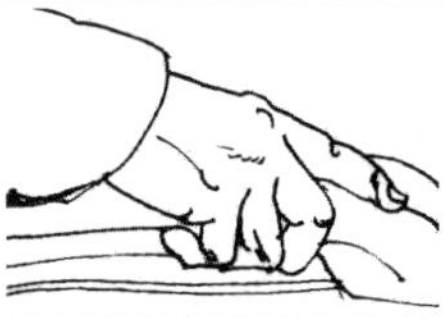	特殊抓握手形，除食指施力外的抓握方式，较大地贴合手掌，但是由于食指的局限，使得不能完全贴合稳定性相对减弱	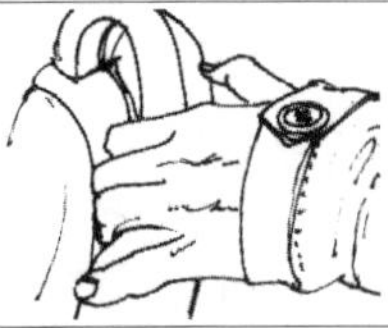	特殊抓握手形，转弯或起身抓握手形，施力于三根手指的顶部，靠食指和小拇指增加稳定效果，受力集中，长时间会酸痛
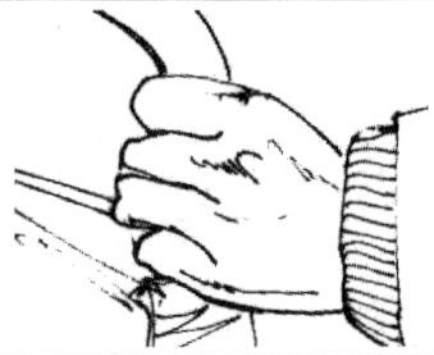	单手抓握手形，施力于扶手外侧，靠手掌前半部分与手指夹握受力，施力均匀，稳定性较好，大多为在身高较矮者人群中出现	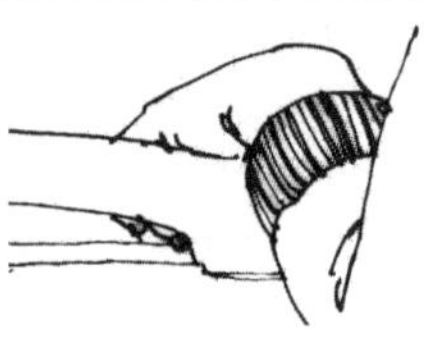	单手贴合手形，手指顶部和手掌外缘集中受力，受力集中，时间长会感觉手指疼痛，受力不平衡，急刹时很不稳定
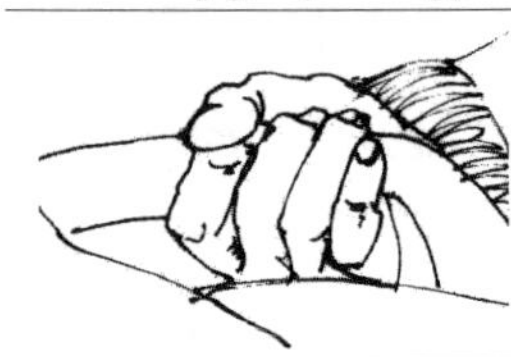	单手反向抓握手形，类似于单手抓握，相对来说，此手形手指受力较大，因其完全贴合，较为稳定，但时间长手腕会疲劳	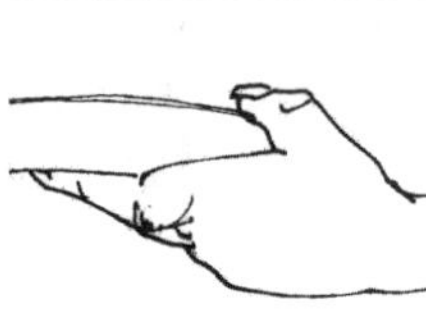	较大地贴合手掌，但是由于食指的局限，使得不能完全贴合，受力面积受到影响，因此稳定性相对减弱，手腕酸疼

受力点分析　　表3-5

前提情况		平稳		转弯		急刹		站起		坐下	
座形	手形	试验图	分析图	试验图	分析图	试验图	分析图	试验图	分析图	试验图	分析图

续表

前提情况		平稳		转弯		急刹		站起		坐下	
座形	手形	试验图	分析图	试验图	分析图	试验图	分析图	试验图	分析图	试验图	分析图

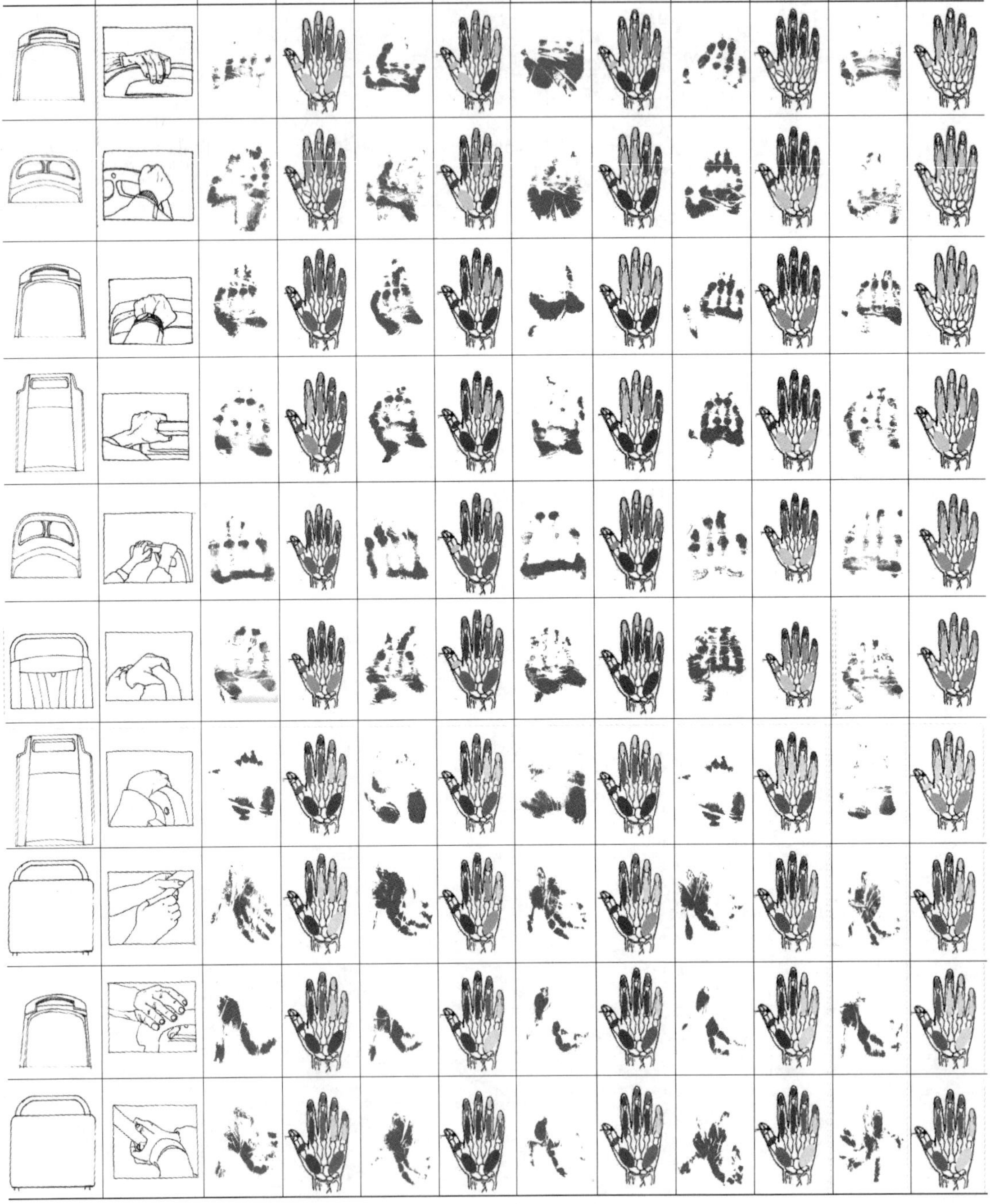

续表

前提情况		平稳		转弯		急刹		站起		坐下	
座形	手形	试验图	分析图	试验图	分析图	试验图	分析图	试验图	分析图	试验图	分析图

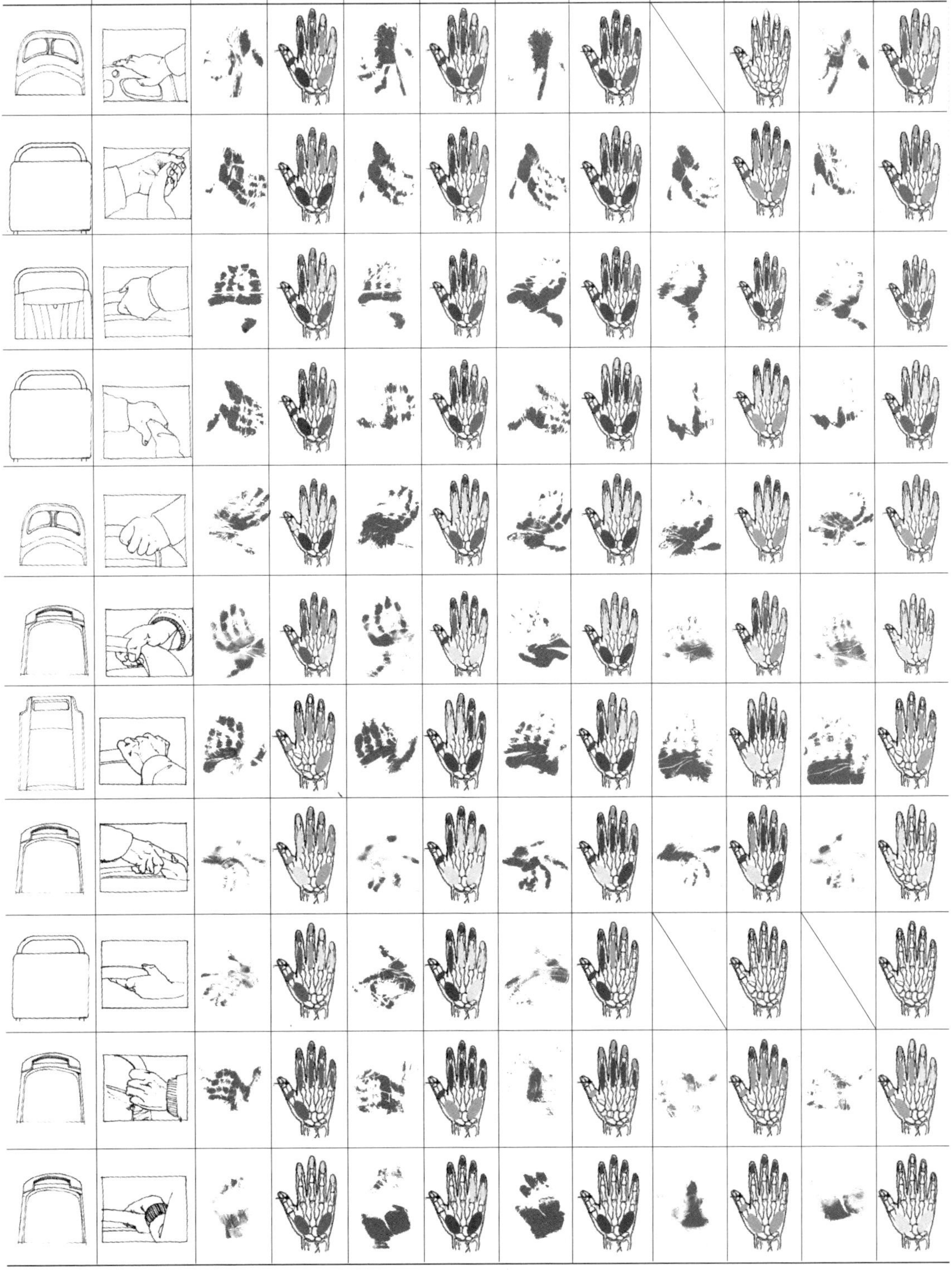

续表

前提情况		平稳		转弯		急刹		站起		坐下	
座形	手形	试验图	分析图	试验图	分析图	试验图	分析图	试验图	分析图	试验图	分析图

草模评价 **表3-6**

手把形				改良部分	使用者反映情况	舒服度
1	1-1			手把原形	棱角明显，内孔的高度明显不够，手把边缘部分不够圆滑，有点不舒服	★★★
	1-2			握手部分横截面改圆滑	棱角倒角圆滑，手贴合部分比较舒服，内孔还是不够高，握手中部偏厚	★★★★
2	2-1			手把原形	棱角明显，内孔的高度明显不够，内孔边缘部分不够圆滑，手把太粗	★★★
	2-2			外形的改动，外形弧度加大	截面圆润，外形上更加圆润，耐久性比原来的更好，美观度不错	★★★★
	2-3			截面改良偏向于三角形，边角地方倒角	手掌摩擦力加大了，符合手形，不过耐久性差，最舒服点还是在边缘部分	★★★★
	2-4			截面部分更圆润，内孔弧度加大	手势的局限性不大，内孔与手指壁接触比较舒服	★★★★
	2-5			内孔高度提高，整体弧度根据虎口形设计	手部贴合部分，内掌肌肉舒服，耐久性比较好，不容易疲劳，拐角部分舒服度最佳	★★★★★
3	3-1			手把原形	棱角明显，内孔的高度明显不够，手把边缘部分不够圆滑，有点不舒服	★★★
	3-2			截面部分更圆润，内孔弧度加大	截面圆滑度加大，明显比较舒服，内孔高度加高，但是拐角部分有点不舒服	★★★★

续表

手把形			改良部分		使用者反映情况	舒服度
4	4-1	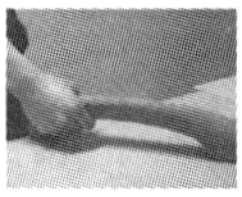	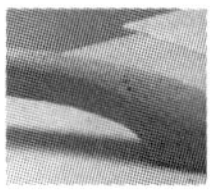	手把原形	虎口手握部分舒服度比较好，但是手势的局限性大，耐久性不好，容易疲劳	★★★
	4-2			根据截面弧度深入改良	虎口部分手握明显舒服，内孔的高度明显不够，舒服度有提高，局限性大	★★★★
	4-3	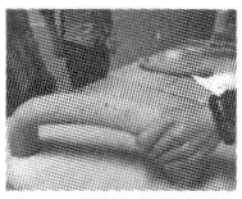	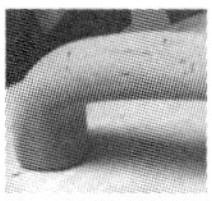	截面圆滑度提高，内孔高度加大，拐角提高	根据手的贴合度，手握更舒服，把手界面面积加大，符合手形，耐久性也更好	★★★★
5	5-1			后排的人可以趴、可以握着，增强可以趴的功能	手臂有效接触面积太小，局限性大，手臂与手把的接触面小	★★★
	5-2	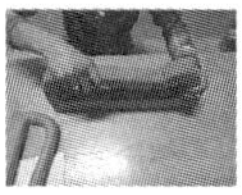	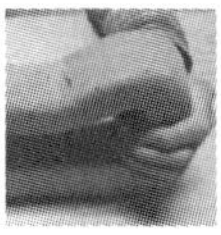	整体加宽加长	棱角倒角不够圆滑，太粗，手贴合部分比较不舒服，握手中部偏厚，但趴着舒服	★★★★
	5-3		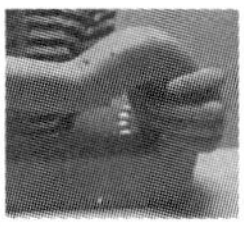	截面更加圆滑，倒角增大	可握性增强，弧度更符合人机关系，缺点是接触面还是不够大	★★★★
	5-4			截面加宽，外形弧度加大	接触面加大，截面圆润，外形上更加圆润，耐久性比原来的更好，接触面加大，趴着更舒服	★★★★
6	6-1			增加有效杆长	棱角明显，内孔的高度明显不够，手把边缘部分不够圆滑，造型不美观	★★★
7	7-1		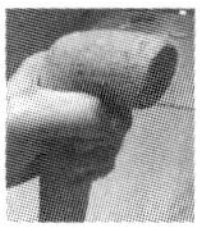	手把原形	杆长太短，手势的局限性比较大，内孔与手指壁接触比较不舒服	★★★
	7-2		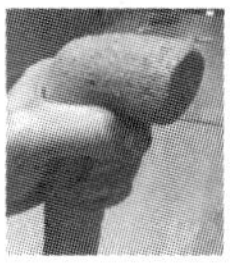	加长有效杆长，内孔高度提高，整体弧度根据虎口形设计	握着更充分，握的高度大人、小孩适用，耐久性比较好，不容易疲劳，拐角部分舒服度最佳，适用范围加大	★★★★

续表

手把形		改良部分	使用者反映情况	舒服度
7	7-3	截面部分更圆润，呈圆形	截面圆滑度加大，明显比较舒服，有比较好的充实感	★★★★
	7-4	杆长增加曲度，有效杆长加长	根据手的贴合度，手握更舒服，小孩握着也更加舒服，符合手形，耐久性也更好	★★★★
8	8-1	杆长增加曲度，有效杆长加长	杆长太短，手势的局限性比较大，转角弧度不舒服	★★★
	8-2	加长有效杆长，整体弧度根据虎口形设计	虎口部分手握明显舒服，舒服度有提高，局限性大	★★★★
	8-3	截面圆滑度的改良，拐角提高	截面圆滑度增加，明显比较舒服，内孔高度加高，但是拐角部分有点不舒服	★★★★
9	9-1	握手的弧度改良	双手的稳固性较强，有效杆长加长，可以双手靠着，设计更加人性化	★★★
10	10-1	手把原形	杆长太短，手势的局限性比较大，转角弧度不舒服，旁边握的人会比较舒服	★★★
	10-2	加长有效杆长，整体弧度根据虎口形设计	虎口手握部分舒服度比较好，手握的接触面积增大，横截面加大，更加舒服，圆角还是不够圆滑	★★★★

觉体验等，是较为感性的学科。

“人”作为设计心理学所研究的对象，除了具有广泛意义上的人的本质和心理以外，还特指与设计过程和设计结果有关系的“人”，那就是“用户”。从工业设计专业角度来说，设计心理学是一门设计方法学，是研究“人”在使用“物”的过程中的各种心理因素，同时将这些心理因素作为设计指导原则和设计评估依据来展开设计的学科。

设计心理学主要研究产品带给使用者的心理体验：包括动机、需要、知觉、情绪、认知、意志、性格、习惯、记忆、能力、审美等。可以分成两个部分展开研究：

（1）“产品适应人”操作行为的认知心理研究：这方面的研究主要以认知心理学、生态知觉心理学作为研究的理论支撑体系。心理学的主要目的是尝试理解行为的规律性，以理解、预测或控制行为为研究目的。行为是指受思想支配而表现出来的外表活动。人类造“物”是为了满足自身的需求。人们通过与“物”的交流互动，实现各类需求活动的完成。“物”也就是“产品”。人们有目的性地使用产品，在使用过程中表现出的各种活动就是“使用者的行为”。使用者行为研究基于认知心理学理论基础，与心理学流派中的行为主义研究不同。它不仅研究使用者在产品使用过程中的外显行为，还研究使用者在产品使用过程中的心理思维过程。通过这些研究发现使用者的使用习惯、认知能力、思维方式等问题，最终实现使用者与产品之间互动的匹配性、合理性和科学性。

（2）“产品满足人”情绪体验的情感心理研究：这方面的研究主要以社会心理学、情绪心理学、动机心理学作为研究的理论支撑体系。心理学对情绪和情感的定义不同。从产生的基础和特征表现上来看，情绪出现多与人的生理需要相关，如食物、水、温暖、困倦等；情感随着心智的成熟和社会认知的发展而产生，多与求知、交往、艺术陶冶、人生追求等社会需要有关。因此，情绪是人和动物共有的，但只有人才会有情感；情绪具有情境性和暂时性，情感则具有深刻性和稳定性；情绪常由身旁的事物所引起并随着场合的改变和人、事的转换而变化，情感是在多次情绪体验的基础上形成的稳定的态度体验。

设计心理学的研究过程是从观察用户的行为这个事实开始，对用户的认知和情感心理进行描述，然后解释这些行为事实和心理之间的关系，最后形成一个可以提供给设计作参考的结论。具体的步骤包括：提出问题、查阅文献、形成假设、制订研究方案、搜集数据和资料、统计处理数据和资料、分析结果、作出结论。前三个步骤是选题过程，主要任务是提出假设和考虑选择验证假设的途径和手段，考察选题的合理性和科学性；中间两个步骤是围绕着验证假设制订研究方案，确定自变量、因变量及其操纵和记录的方法，并对无关变量加以控制，然后搜集论证假设的证据；后三个步骤主要是运用逻辑方法、统计方法和其他方法对搜集到的数据资料进行加工整理，对研究中的现象和变化规律作出解释，说明获得的结果与假设的符合程度、形成结论；最后以论文的形式反映该项研究的成果。

设计心理学的研究方法包括试验法、观察法、调查法、测验法、档案法等。

在对用户进行情感心理分析时，也可以运用感性工学研究方法，将定量的方式和理性的思维对“物”的感性意象进行定量、半定量的

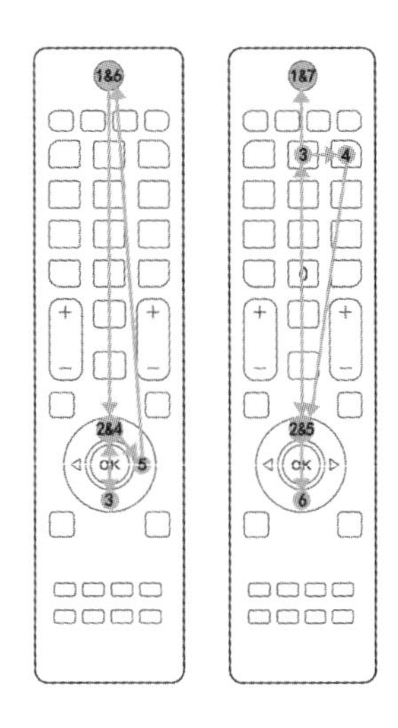

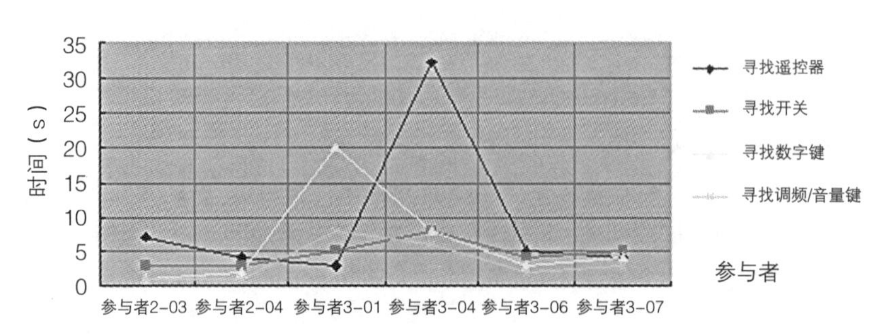

图3-11（左）
操作路径
图3-12（右）
认知时间对比

表达。在设计实践中，根据所研究问题的性质、目的以及研究过程各阶段的要求来选择具体的研究方法。

如下所示为老年人对电视遥控器认知的心理试验结果：图 3-11 所示为不同使用者的基本操作路径；图 3-12 所示为使用遥控器经验用户和非经验用户针对相同任务的不同认知时间对比。

图 3-13 所示为利用眼动仪进行汽车内部图标认知心理试验的分析数据图，分别是视线区域停留图、热点关注图以及眼动路径。

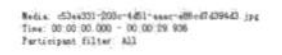

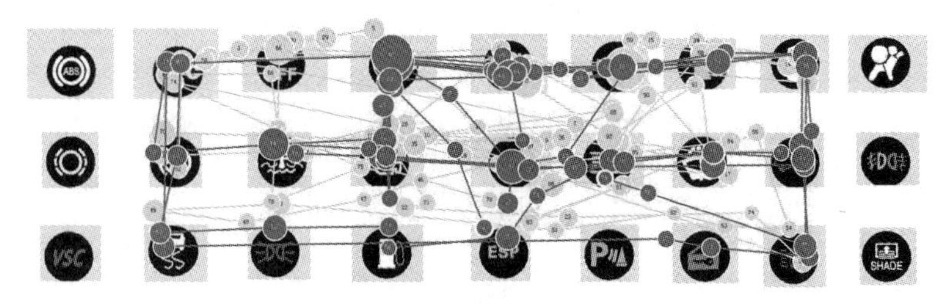

视线区域停留图

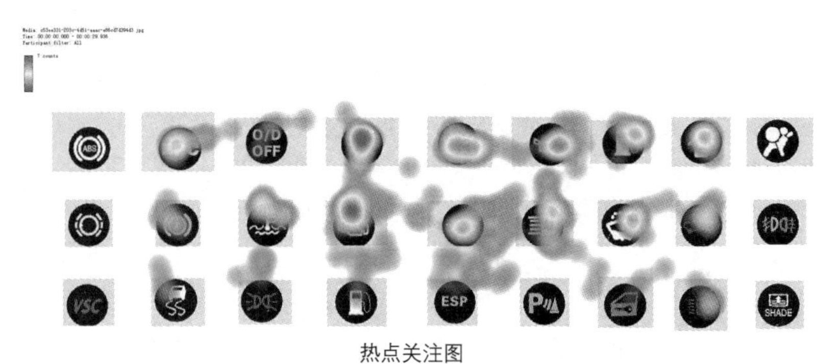

热点关注图

图3-13
眼动分析图

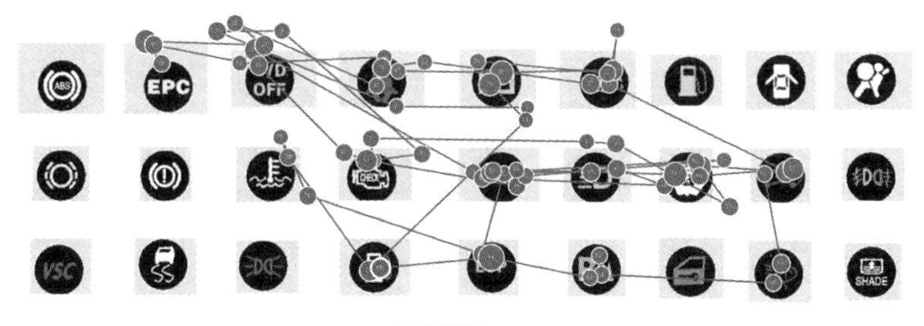

眼动路径

图3-13（续）
眼动分析图

3.2.4 感性印象分析法

1980 年代在日本出现了一个新名词叫感性工学（Kansei Engineering）。这是一种运用工程技术手段来探讨“人”的感性与“物”的设计特性间关系的理论及方法。感性工学是感性与工学相结合的技术。通过分析人的感性来设计产品，依据人的喜好来制造产品，它属于工学的一个新分支。运用感性工学方法可以将用户难以量化的感性需求及意象转化为产品设计的形态要素。感性工学用定量的方式和理性的思维研究感性的原理将人们对“物”的感性意象进行定量、半定量的表达，并与产品设计特性相关联，实现在产品设计中体现“人”的感性感受，设计出符合“人”的感觉期望的产品。感性工学研究人机交互之间认知的感性，它的基础是心理学和认知学。感性工学的研究范畴包括：

（1）对人类的感觉、情绪、知觉、表象的研究是感性工学的理论基础；

（2）通过消费心理学的研究了解消费者的真正需求；

（3）通过生理学的研究了解人类的感性；

（4）通过产品语义学的研究了解产品语义和分类产品意向；

（5）通过设计学和制造学的研究了解感性与产品色彩、材料、形态、工艺和设计方法之间的关系。

日本广岛大学工学部的研究人员最早将感性分析导入工学研究领域的是 1970 年在住宅设计中以开始全面考虑居住者的情绪和欲求为开端，研究如何将居住者的感性在住宅设计中具体化为工学技术，这一新技术最初被称为“情绪工学”。而首先将感性工学实用化生产出第一批“感性商品”是从汽车产业开始的。当时日产、马自达、三菱将感性工学引入汽车的开发研究中。设计人员从分析消费者心理、把突破造型外部形式作为研发中心作为设计目标，一改过去“高级”、“豪华”的设计定位，转为“方便”、“简捷”、“快乐”使用的设计定位，进行汽车外观、内饰、感性化的驾驶台设计等，获得了巨大的成功。感性工学有自己的一套系统而完整的研究方法，通过感性意象认知识别、定性分析、定量分析和结果验证来完成。在长期的研究过程中，还积累了感性数据库作为感性工学支援系统。

感性工学是一个涵盖工学、艺术、设计等领域的学科，要完整地理解和掌握整个感性工学分析方法，需要具备这些知识能力的团队共同完成。在通用设计实践中，学生一般会采用比较容易展开工作的感性印象分析方法。

4

第四章　通用设计系统评价

通用设计系统评价是在设计过程中的一种对产品进行循环评价的方法。是从产品开发设计的初始阶段开始实施，以使用者的视角，通过平等、人性化的方式对产品作出客观的评判，设立评判标准，根据评判标准探讨方案，然后再次对方案进行评判的过程。通过这种反复循环的评价方法，查找产品开发设计过程中的遗漏点，是不断完善产品，提高产品品质的一种方法。

4.1　设计评价概述

所谓设计评价就是在设计最终完成或投入市场之前对解决问题的方案进行比较和评判，由此确定各方案的价值所在、确定每个方案的优劣所在，最后筛选出最符合评判标准的方案。产品设计评价主体不同，对设计和产品的评价准则不同。一般产品的设计评价主体通常由消费者、用户、生产者、设计团队等组成，因此设计评价的准则会综合各方面因素来考虑。

通常产品设计的评价标准都会从经济性、技术性、社会性、审美性、可用性、创新性、可持续发展性等方面来考虑。比如国际著名设计大赛 IDEA（International Design Excellence Award）对设计的评价标准为：

（1）从创新性方面考虑：具有包括在设计、制造和用户体验三方面的创新性；

（2）从用户受益方面考虑：包括产品性能、舒适度、安全性、可用性、界面、易用性、互动性等方面；

（3）从产品的责任来考虑：包括社会问题、环境问题、多元文化发展问题、可持续发展问题等方面；

（4）从客户角度来考虑：包括成本、利润、品牌效益等方面；

（5）从审美角度来考虑：包括视觉感染力和适当的审美等方面；

（6）从用户的认知和情感来考虑：强调产品的可用性以及用户的

心理需求等方面。

著名的IF工业设计大奖的评审法则既包括美观性、产品质量、材质的选择、技术革新、功能性等衡量标准，也包括人类工程学、安全性、环保对策、耐用性等各项指标。设计评价可以分为定性评价和定量评价的方法：定性评价是采用感性的方法，根据评价者对评价对象的印象对评价对象作出定性结论的价值判断，主要用于对产品和设计的感性评估。定性评价强调观察、分析、归纳与描述；定量评价是采用数学的方法，收集和处理数据资料，对评价对象作出定量结果的价值判断。定量评价强调科学性，以数据为基础，具有客观化、标准化、精确化、量化、简便化等鲜明的特征。一般用于人机界面、用户认知等方面的评估。

通用设计是一种站在使用者立场，追求最大包容性的设计意识形态。其核心评价方法以3P（Product、Performance、Program）作为通用设计达成度的评价系统。是根据一般消费者或者特殊消费者使用该产品后的实际情况来制作的评价手法。

4.2 通用设计系统评价方法

4.2.1 通用设计系统评价的效果

（1）发现问题点，改善产品发展方向：通过通用设计系统评价，可以帮助设计师、开发人员，发现用户在完成产品操作过程中的问题，并根据问题的分析找到改善产品发展的方向。

（2）纠正对用户的认识：产品设计开发团队通过系统评价过程中对用户群体的接触与实际操作行为的观察，会发现与设计初始自我抽象的预测的不同之处，对用户群体的认识也会进一步加深和改进。并通过对用户群体需求的了解，提高“以用户为主体”的设计理念的意识，找到实施该理念的具体方向。

（3）调整设计开发流程：在通用设计系统评价过程中发现的问题，对整个设计开发的过程都会产生一定的影响。原本计划的产品开发流程，会根据在评价中得出的改善问题点的重要程度进行时间、顺序上的调整。比如计划通过调整产品界面操作的流程的设计以缩短操作时间，提高用户的操作效率，但是通过系统评价发现，操作效率低下的原因是产品结构上的问题。这时就不得不将计划中的界面设计深入环节，改变为以产品结构的合理调整为优先去做了。

4.2.2 通用设计系统评价方法

在通用设计的系统评价中，往往需要将多种不同的评价方法相互结合作测试，来得到准确的用户数据和评价结论。通用设计的评价方法可以分为两类，第一类用于产品的设计开发阶段的评价，也就是通过试验品、样品进行评价的方法。这一阶段的评价方法大体有两种，第一种是通过被试验者也就是假定用户作评价测试。在作用户评价测试的过程中可以采用行动观察记录法、模拟操作法、数据分析法等评价方法。也就是直接接触用户，观察用户行为，解析用户数据，现场操作演示的手法。可将评价测试的数据经过分析，与问卷调查法、焦点小组访谈法等多种评价方法结合灵活运用。第二种是通用设计项目评价法（PPP 评价）。也就是不进行用户评价测试，而是通过制定该产品的通用设计评价准则、指导细则的形式辅助设计的评价方法。这种评价方法可用于设计师在设计初的主观评价与判断。第二类用于产品生产完成后的用户反馈评价。在这一阶段可以通过小组访谈法、问卷调查评价法、用户行为检查法、3P 评价法等结合并灵活运用。以下是主要几种评价方法的介绍。

1. 问卷评价法

建立评价问卷并实施调查：根据通用设计的七大原则及各个原则所延伸的指导方针建立一份问卷，由设计者或使用者进行主观的调查，判断是否符合通用设计的原则。基于“通用”的出发点，除了参与开发的市场调查、营销、设计、工程与顾客关系管理等相关人员之外，必须募集各式各样的使用者，包括不同年龄、性别、行动能力、工作经验、教育水平以及不同文化与种族的群体，才能达到评价的真正意义。参与评价者一边使用该产品，一边思考各个问题的五个回答选项，并指出描述最贴切的一个答案；如果针对这个问题有其他的意见，则透过口头描述或亲笔写下，以提供评价的参考。

对于通用设计的原则及实现通用设计的方法有所认识后，作为一个设计者，可以预先判断产品在市场上的普及程度与潜力，并针对缺失适度改善，有效地增进竞争力、刺激消费者的购买欲望；身为一个消费者，则能在选购产品时更有效地找出具备通用设计特性的优良产品。

2. 焦点小组访谈法（focus group）

焦点小组访谈法是用户调查和定性研究的方法之一，也是产品研发探索阶段比较常用的一种方法。就是针对某一主题通过小组对话、自由发言的形式进行深入探讨。是有效地向某集中群体提问，探求用户意识和观点的一种方式。主要用于用户需求的发现、确认用户界面的设计、产品原型的接受度等。具体访谈方法和程序为：

（1）焦点小组访谈通常需要集中 6~10 名具有代表性的被调查者，进行 1~2h 时的访谈（小规模的访谈可集中 4~5 名被调查者）。要求选择的被调查者尽量保证在相关特征上的相似性，被调查者属性不同会降低焦点小组的访谈效果。

（2）在实施过程中需要主持人与被调查者进行交谈。通过焦点小组成员间相互激发观点和想法，展现被调查者最自然真实的行为和意识，从而获得更多丰富的信息。焦点小组对主持人有一定的技巧需求，比如问问题的先后顺序、提问方式等。除了直接提问的方法外，主持人通常还会用投射法、自由联想法、角色扮演等技法引导被调查者。过程中要求在不偏离主题的前提下，保持小组讨论的自由开放性，避免因为主持人的诱导，使被调查者产生不真实的意识导向，影响被调查者的积极性，或让被调查者不敢表达内心的真实想法。

优点：焦点小组相对来说比较容易实施，能快速地收集观点，得出结论，也可为问卷评价法的定量研究探索出一些基本问题。是一种真实可信的研究方法。并且这种方法允许个人提出尝试性的见解，这为设计师收集方案提供了有效的源点。

缺点：由于焦点小组访谈法是一种定性的研究方法，无法进行定量的数据收集和分析。并且被调查团体的人员属性相同，所以参与者意见和调查结论不能作为独立的判断依据，代表群体用户的观点。

3. 行动观察记录法（observational method）

行动观察记录法就是将目标对象在自然状态下或试验状态下的行动进行观察、记录、分析。是一种发现用户从量到质的行为特征或行动规律的方法，是通用设计评价手法中具有代表性的实践手法。

1）自然观察法

就是观察日常生活中目标对象的行为。自然观察法可以是偶然的观察法，也可以是有目的地组织进行观察。所谓偶然的观察法就是不经过特别安排的，在偶然的机会下观察到目标对象的行为，收集到信息和数据。在作通用设计研究时，要时常保持这种在日常生活中捕捉偶然的状态，并随身携带在偶然状态下可以立即采集数据、收集信息的工具。有目的的组织观察法是有一定计划性的观察法，需要提前确定观察目标，去哪里、如何进行观察。在这里选择合适的观察地点和时间尤为重要，比如目标群体是公交车上的老年人，那么就不能在乘车高峰期去作调查，因为老年人通常会避开上班高峰期坐车。如果能把握好目标对象经常出现的地点和时间点，就能高效率地采集到大量的信息。

2）试验观察法

就是在观察者有秩序的安排下，针对开发设计产品的要求设定试验条件，进行用户行为、操作、使用环境等的观察，用笔记、录像、照片等方式记录下信息的方法。

用户行动观察领域可分为三层，最表层的显性行为特征可以通过交流的方式，用户用言语直接表达陈述。第二层潜在的行为可以通过上述的焦点访谈小组的方法，经过访问者的意识刺激可以引导用户用言语表达出内心需求。而最深层的行动观察领域是无意识的，无法通过交流来得到信息。试验观察法的优点就是观察和分析用户自身无法口述也没有意识到的，行动领域中最潜在的需求、技能等。

操作中要注意的是尽可能地让被试验者呈现最自然真实的行为状态，以便观察者探求被试验者无意识的行为和最潜在的需求。观察内容从以下四个方面着手：

（1）观察实际操作流程的情况，评价指标为：

①操作顺序是否容易理解。

②被试验者的行为前后顺序是否和设定的操作顺序一致。

③被试验者在操作中有无停滞。

④被试验者在操作中有无犹豫不决。

（2）观察实际使用方法的情况，评价指标为：

①（操作按钮）是否容易操作。

②是否可单手操作。

③是否左右手都能使用。

④是否符合习惯的使用方法。

⑤有无费力的动作。

⑥动作调和性是否可以。

（3）发现实际操作中的问题点，评价指标为：

①操作时间如何。操作时间越短，说明操作界面设计的人性化程度越高。

②操作有无失误。统计误操作的发生概率，以及有无反复操作的情况发生。

（4）发现用户需求要点。

3）行动过程记录法

就是用户为达成目标的所有行动记录，内容包括用户行动的构成、行动的名称、行动的频度、行动的时间。和产品说明书上步骤解释不同的是，记录的并不是产品系统或服务的内容，而是从用户的视角出发，记录行动的流程。该记录法的关注点是观察用户行为的通融性，行动有无造成用户生理以及精神上的负担，行动的结果是否安全，如有危险需发现行为错误的原因。

为了确认被试验者在操作过程中的行动轨迹，分析问题点，作出相应的试验评价，观察者在试验过程中需要记录被试验者的行为、言语，试验发生的状况、事项。记录的方法有以下两种：一种是任务导向行为过程图记录法，另一种是运用“Observant Eye”软件记录的方法。两种记录方法如下：

（1）任务导向行为过程图

任务导向行为过程图是为设计师在设定用户操作任务的基础上，找寻用户执行该操作的最佳流程的记录法。就是在观察用户操作的同时，记录下被观察者的行动流程和操作时间等，归纳总结成表格，并时时记录下主观评价内容的方法。表 4–1 所示为用户在 ATM 机房操作ATM 机的记录案例。

用户在ATM机房操作ATM机的记录案例　　表4–1

操作任务名:ATM机　　日期:　　记录人:

操作成功：√ 操作失败：×

	行动					
	走进ATM机房	插入银行卡	屏幕选择	拿取现金	取出银行卡	走出ATM机房
1	√10：00		顺利点开屏幕			
2		√10：01				
3			√10：02			
4			×10：03	未找到选项，超时退卡		
5		√10：04				
6	再次插入银行卡		√10：05			
7				√10：06		
8					√10：07	
9					开门解锁方式不明白	×10：08

（2）行动观察记录软件“Observant Eye”

由日本静冈县工业技术研究所开发的行动观察记录软件“Observant Eye”，代替了传统的笔记方式，为观察者提供更高效、更准确的用户评价手段。观察者只需要事前在软件上将想要记录的内容自由地建立多个大小、色彩不同的模块，就可以迅速地通过软件准确地记录下被试验者的行为、发生的状况、观察者的评价等，直观地迅速呈现试验结果。图 4–1 所示为浴室产品开发的行动观察案例。

传统笔记记录评价方式需要经过复杂的计算，多人合作，“Observant Eye”软件大大缩短了评价试验的时间，为通用设计、人机工程学、心理学等领域的行动观察分析提供了省力的操作方式。

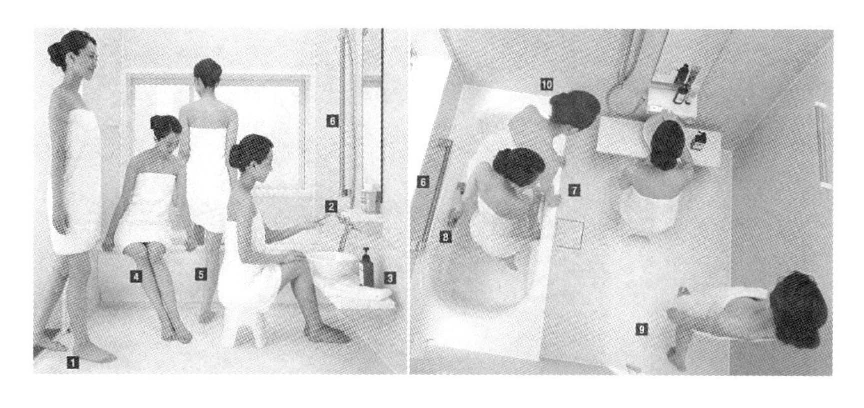

图4-1
浴室产品开发的行动观察记录

4. 操作检查法（performance test）

操作检查法就是在一定的条件下要求被试验者进行一定的课题操作，根据操作结果作测定和记录的方法。这是一种定量的测定评价法，我们可以通过被试验者个体在试验中的误操作率和操作时间的测定结果，有效地判断出整体使用者的操作情况，从而引出设计方向。

操作检查法的目的是检验所设计使用方法在实际操作中的速度、稳定性、可发展性：

（1）测定使用者是否满意当前的使用方法。

（2）测定操作协调性和舒适度。

操作检查法实践中的注意点：

（1）该评价手法是否完全适用于产品功能性的测定。

（2）尽可能地设计完整、细致的操作课题进行试验。

（3）进行试验的操作环境和实际操作环境的差异性会不同程度地影响测定结果的准确性。

如图 4-2 所示是对界面按钮排列的评价，测定被试验者操作的时间和误操作率。

5. 试验计划分析法（protocol analysis）

试验计划分析法在通用设计系统评价中所指的“言语试验”，就是被试验者在操作对象物中自发性地说出“这是什么意思”、“怎么回事”之类的思考式言语（thinking aloud）。通过这些言语的详细解析，分析观察对象内在的认知过程的手法，是认知心理学的研究方法。现在发展成为通用设计评价法中运用率最高的评价法。以此作为定性评价的方法，通常通过 5 名被试验者的试验即可发现 80% 的问题点。

试验计划分析法的优点是比较容易实践，不需要设备在任何场所都能进行。设计师通过观察被试验者在操作过程中的一些混乱、困惑的反应，能够解读到自身没有意识到的问题点。试验计划分析法的缺

图4-2
界面按钮评价

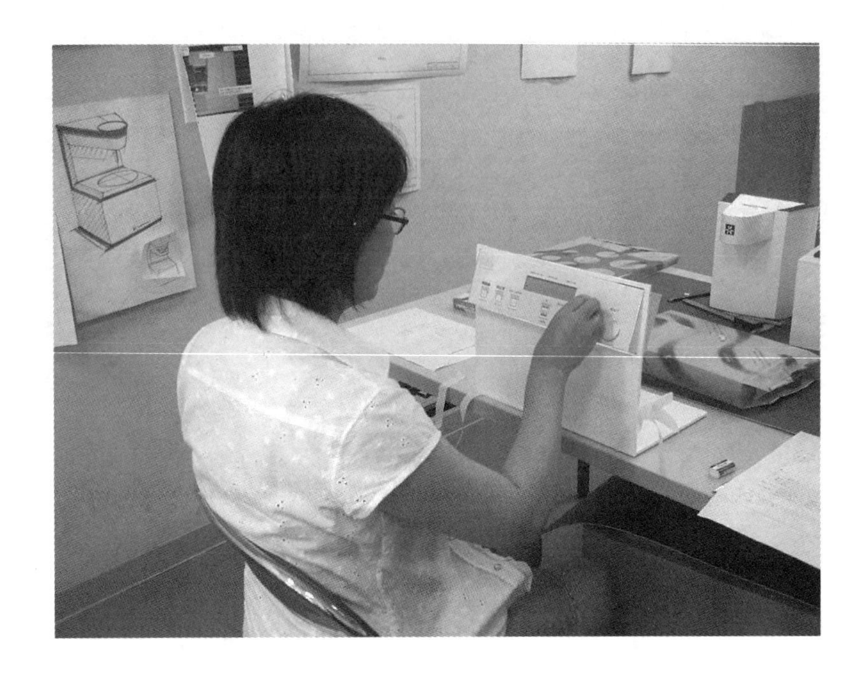

点是每次只能记录 1 位试验者的情况，所以详细的总结和分析需要一定的时间。

评价过程为：

（1）被试验者通过设计原型，进行操作。

（2）在操作过程中，将思考通过言语表达。

（3）将被试验者的言语表达和操作行为结合进行分析，推测认知性问题点。

如表 4-2 所示为三菱公司进行手机功能设计时，通过试验计划分析法在试验中得出的问题点。

三菱公司手机功能设计的试验计划分析法　表4-2

动作	问题点	被试验者			
		1	2	3	4
动作1：存入通信录	无意中长按了“通信录”	●	●	●	○
	从通信录列表的空白处开始录入			○	
	对准界面正中的“通信录”	●			
	不知如何输入电话号码	○			
	不知如何在i模式下输入邮件地址	●	○	●	●
	想在通信录中输入数字，却只能显示英文		○		
动作2：编辑短信发送	无法进入i模式下的目录		○	○	○
	无意中长按了i键				●
	没有切换到输入模式就开始输入	○	○	○	●

续表

动作	问题点	被试验者			
		1	2	3	4
动作2:编辑短信发送	在To栏里输入了名字			●	●
	无法从通信录中导出邮件地址	○		●	●
	在收件人栏里错误输入空格键导致发送失败		○		
	发送邮件时按下了“选择”键回到了输入页面				○
	回到邮件地址栏里发送邮件			○	

注：○代表自行解决的问题，●代表无法自行解决的问题。

6. 项目检查法（inspection method ）

项目检查法是一种定量化的评价手法。就是不需要通过用户测试反馈信息，而是专业人员经过自身洞察，对问题的可能性作出预估，提出解决方案的评价手法，可以反复进行操作，同时省去了用户数据分析的环节，节省了产品评价的时间、费用等资源。

该评价手法的实践程序是事先制订指导方针（就是自我评价项目），然后根据制订的评价项目，模仿用户对产品的整个操作过程进行评价。由于该评价手法的便捷性，在产品设计开发的早期阶段被频繁地使用，可以帮助设计师把握设计概要，勾勒出设计的方向和概念，并预想方案能够给予的相应反馈，预测其中的问题点并提出解决方案。

项目检查法的特点是反映的是设计师自我的判断，而不是用户测试，所以如果将该评价手法与上述第 5 点“试验计划分析法”相结合，作进一步深入的调查和分析，将会得到更佳的效果。

以下案例是三菱公司针对家用电器产品的开发，为设计师制定的通用设计指导原则“U-checker”（根据产品类别有不同的核对条目）。设计师在设计之初就会将这些通用设计条目铭记在心，并通过这些条目，在设计的整个过程中时常核对通用设计的达成度。

家用电器产品设计核对条目：

（1）产品的 5W2H：

☐ 1. 什么时候、在哪里、谁、怎么使用?

☐ 2. 产品的特征是什么?

（2）操作界面考量：

☐ 1. 操作方法和现状的理解一目了然吗?

☐ 2. 操作部和显示部对应明确吗?

☐ 3. 对功能的划分明确吗?

☐ 4. 有按照操作频率和操作顺序排列吗?

☐ 5. 操作结果有明确反馈吗?
☐ 6. 运用的文字或图文字给使用者陌生感吗?
☐ 7. 在同一按钮上有超过需求数量的功能设置吗?
☐ 8. 功能的分类及阶层构造复杂吗?
☐ 9. 输入时间限制和辅助显示时间够长吗?
☐ 10. 操作方法有连贯性吗?
☐ 11. 不凭记忆也能操作吗?
☐ 12. 有误操作的辅助吗?

（3）使用舒适度考量：
☐ 1. 按钮有适宜的触感吗?
☐ 2. 按钮、旋钮的操作力度合适吗?
☐ 3. 主体、按钮、旋钮是不是容易脱手?
☐ 4. 按钮、旋钮根据触感容易区别吗?
☐ 5. 相邻按钮的间隔合适吗?
☐ 6. 文字、图标的显示能清楚地识别吗?
☐ 7. 只用右手或只用左手能操作吗?
☐ 8. 能清楚地听到提示音吗?
☐ 9. 操作屏是安置在容易使用的位置吗?
☐ 10. 安全性有保障吗?

（4）用户心理活动考量：
☐ 1. 如果你是消费者会有想购买的欲望吗?
☐ 2. 是高龄者或新手专用的感觉吗?
☐ 3. 有尊重用户的意图吗?

7. 尺度评价法

尺度评价法是评价法的一种。根据评价项目，先设定明确的评价阶段，然后将各个设计方案根据设定的评价尺度进行排序的判断方法。5 阶段或 7 阶段等级的尺度评价法应用最为广泛。例如 5 阶段的评价可设定为：很难操作 -2 分，不容易操作 -1 分，一般 0 分，可以操作 +1 分，很好操作 +2 分。分数越高，说明该项目的用户肯定值越高。图 4-3 所示为 5 阶段尺度评价图。

在通用设计系统评价的实践过程中，尺度评价法可穿插在各个环节，帮助设计师找出问题，分析问题。比如在设计展开阶段，将操作流程分析表与尺度评价法结合。首先是要设定完整且有秩序的操作流程，然后选定被试验者进行不同样品的模拟操作。表 4-3 所示为尺度评价计分表，将上述尺度评定法中得到的分数依次填入。

a.对于本产品的打开方式容易理解吗?

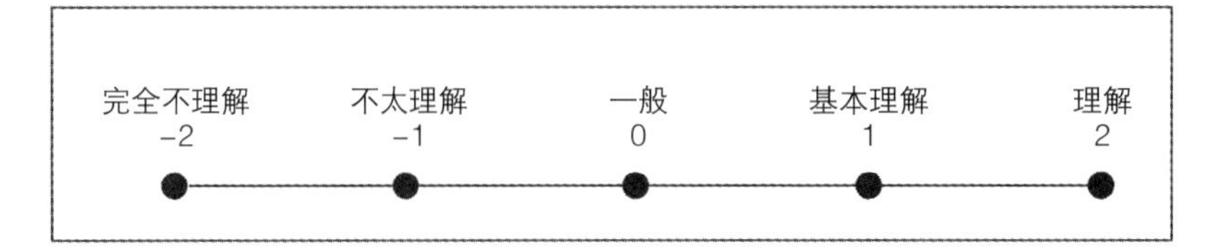

图4-3　5阶段尺度评价图

b.对于本产品的打开方式容易操作吗?

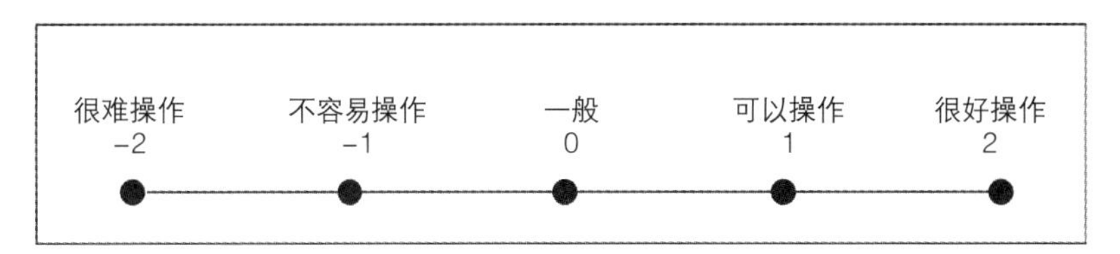

尺度评定法计分表　　**表4-3**

操作流程		样品1	样品2	样品3	样品4
第一步	分数				
	优点				
	缺点				
第二步	分数				
	优点				
	缺点				
综合评价	分数				
	优点				
	缺点				

通过以上表格可以对同类产品的不同设计进行更为详细、准确的设计比较，特别是需要局部设计评价的情况，可对产品的构造进行新的认知。比如遥控机的操作流程设计、按钮排列顺序设计等，按钮排列顺序的不同会影响操作性，产生不同的评价结果。

8. 相对比较法

就是将两个要进行评价的产品列在一起，比较其特性等。如果被评价产品数量在两个以上，就将所有产品分为两个一组，依次配对进行比较。分数高者加 1 分，所有的产品相互比较后，将每件产品的得分相加，按照分数的高低进行排列。

9. 形象调查法，即 SD 法（Semantic Differential）

SD 法是奥斯顾德于 1957 年作为一种心理测定的方法而提出的，即以语义学中的“言语”为尺度进行心理试验，定量地描述研究对象的概念和构造。操作步骤如下：

（1）收集表达评价对象印象的言语。

（2）在这些言语间标上多段尺度。

（3）将印象数值化。

4.3 PPP 设计评价方法

PPP 全称 Product Performance Program，是日本产品、环境设计师中川聪提出的评价手法。该评价手法就是站在多种多样的用户的视角，对于产品在设计制作过程中通用设计理念在功能上的体现，以及通用设计的实现、达成度，作出客观的评价。

PPP 是以评价通用设计理念的完成度为目的而构建的一个富有弹性的评价基准，也就是指满足各类使用者对使用便利性与舒适性的需求程度。用 PPP 去评价设计或者物品，也就是站在各种使用者的立场去判断有关设计的意识与认知态度。

PPP 代表了设计的品质（DA，Design Assurance）。很多时候产品生产的行为都是依赖于制造商对市场的经验判断以及对利益的追逐，导入 PPP 设计标准可以保证使用者享受到设计带来的优良体验。

4.3.1 PPP 评价的目的

PPP 的开发目的在于借由设计成果和设计最终判断者的感性与体验，并透过检验设计者的意识客观地评价一个设计作品的通用设计达成度。PPP 可将评价结果以树值表示或是用雷达图整理后将其可视化。

4.3.2 PPP 评价的方法

PPP 评价以罗纳德·麦斯（Ronald Mace）提出的通用设计的 7 项基本原则和 3 项附则为基本内容（表 4-4）。

PPP评价的方法及其基本内容　　表4-4

原则1 对公平使用的思考	1.平等使用：所有人都尽量平等地使用产品
	2.排除差别感：不管什么人在使用时都不会感受到差别待遇或觉得不公平
	3.提供选择手段：对于无法使用与他人相同的物品时，是否提供同等物品
	4.消除不安：不管谁都能够不用担心被另眼相待，不会感到不安
原则2 容许用户以各种方式使用	5.使用方法自由：提供各种使用方式让人们自由选择如何使用
	6.没有左右撇子的区别：产品左右撇子一样都方便使用
	7.在紧急状况下也能够正确使用
	8.在环境变化的情况下，不论黑暗或其他干扰都能轻松使用，不发生问题

续表

原则3 简单而且容易理解	9.产品外观、使用方法和构造上不要太复杂，引起使用者混淆和困惑
	10.和人的直觉一致：各种使用者能够凭着直觉使用
	11.操作一目了然：使用方法简单、容易理解，所有人都可以轻易地了解使用方法
	12.操作有提示和反馈：在使用时有适当的提示和操作回应告知使用者是否正确
	13.用容易理解的方法告诉使用者产品的使用方法和功能
原则4 感觉清晰的信息	14.认知手段的选择和可能性：运用所有手段传递给所有的人
	15.使用前应该告知的信息：用最简单、易懂的方式将使用方式传达给用户
原则5 对错误的承受度	16.就算错了也不至于发生事故：有防止事故发生的设计
	17.隐藏导致发生危险的因素：考虑到如何防止事故
	18.即使错了也能确保安全：万一使用错误，有避免受伤的设计考虑
	19.即使操作失败也能恢复原状
原则6 少用力	20.各类人可以用他们感觉自然的姿势进行使用
	21.不需要重复相同的动作就可以达成目的
	22.身体没有负担，用微小的力量就可以完成
	23.长时间使用也不会觉得疲倦
原则7 尺寸和空间要适合使用	24.方便使用的大小，够得到
	25.适合各种身体条件的人使用
	26.在需要他人辅助时保证有一定的空间和合适的使用方式
	27.方便搬运、容易收藏
附则1 经济 耐用	28.考虑到使用耐久性
	29.适当合理的价格
	30.使用时相应消耗品费用合理
	31.产品坚固并且维修保养容易
附则2 品质优良且美观	32.使用舒适且美观
	33.令人满足的品质
	34.充分活用材料的特性
附则3 对人体和环境无害	35.对人体无害
	36.对自然环境无害
	37.促进再生和再利用

将这 10 项基本内容平均置于评价轴内，根据 10 项内容的达成指数在评价轴内连贯成可视化雷达图。图 4-4 所示为 PPP 评价雷达

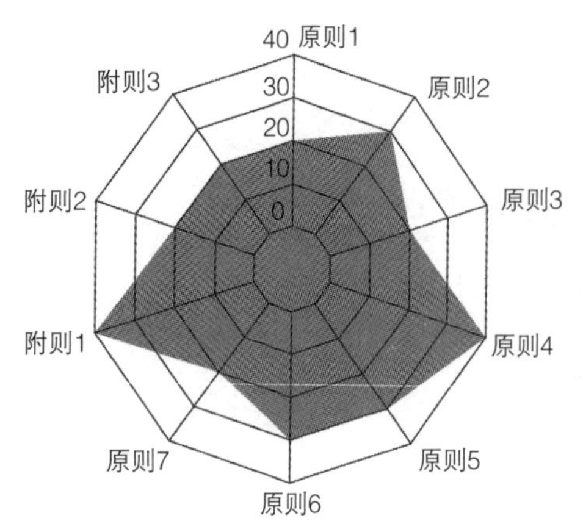

图4–4
PPP评价雷达图

图。PPP 不是固定的通用设计评价基准，PPP 评价方法是为了创造一种新的对应实施通用设计理念的系统，其遵循的 37 项评价原则也是有待改良和检验的一种试验模型。所以，PPP 并不是一个固定的概念或评价标准。在实际设计中，应该对产品或设计结合个体的开发实际情况进行上述过程，多次评价是比较合理的方式。

4.3.3 PPP 评价的五个特征

（1）确保通用设计的意识和认知，并对其作出评价。

（2）是一个增强设计师、开发人员通用设计意识的评价系统。

（3）可跨专业，提供给设计或商品企划的专业人员使用。

（4）运用各类企业资源，提升品牌形象。

（5）不仅改善了商品的设计，在其他各方面也都发挥了作用。

4.3.4 PPP 的使用方法

在实施通用设计时，从构思创意到了解使用者，到以草模进行使用者评价，各个阶段都可以应用 PPP 评价法。

（1）据 PPP 的 37 个评价原则，以 5 阶段（0 ～ 40 点）的评价方式评价设计以及开发意识的通用设计达成度。比如表 4–5 所示的对原则 2 的展开与评价分值。

原则2的展开与评价分值　　表4–5

	评价标准		评价基准		分值
原则2 容许用户以各种方式使用	5.使用方法自由：提供各种使用方式让人们自由选择如何使用	产品可用各种方法使用吗？这些使用方法能让使用者自由选择吗？	A	十分满意	40
			B	满意	30
			C	一般	20
			D	有不足	10
			E	不满意	0
	6.没有左右撇子的区别：产品左右撇子一样都方便使用	是否提供给左右撇子同样不会觉得勉强的使用方式			
	7.在紧急状况下也能够正确使用	在紧急状况下也能够正确使用吗？			
	8.在环境变化的情况下，不论黑暗或其他干扰都能轻松使用，不发生问题	在产品预期将面对的各种环境下都能轻松使用吗			

（2）在评价计分时一定记得写下评价理由。这样做有助于后期整理时对相同产品进行评价，方便评价者进行意见交换，有助于设计的深入完善（表4–6）

原则1的评价分值与意见　　　　表4–6

	评价标准	分值	意见
原则1 对公平使用的思考	1.平等使用：所有人都尽量平等地使用产品	20	需要花大力气，不宜左撇子使用者
	2.排除差别感：不管什么人在使用时都不会感受到差别待遇或觉得不公平	30	—
	3.提供选择手段：对于无法使用与他人相同的物品时，是否提供同等物品	20	缺乏各种不同尺寸的物品供使用者使用
	4.消除不安：不管谁都能够不用担心被另眼相待，不会感到不安	30	—

（3）算出各原则的平均点，并以树值或图标形式表现。这样有助于团队很直观地看到在哪些原则上通用设计实施的不足（表4–7）。

各原则的平均点　　　　表4–7

原则1　对公平使用的思考	20
原则2　容许用户以各种方式使用	30
原则3　简单而且容易理解	40
原则4　感觉清晰的信息	30
原则5　对错误的承受度	20
原则6　少用力	30
原则7　尺寸和空间要适合使用	40
附则1　经济耐用	30
附则2　品质优良且美观	20
附则3　对人体和环境无害	40
通用设计总分	300

4.3.5　PPP 工作流程

为了能顺利将通用设计的概念融入设计和产品开发中，就要进一步理解PPP的工作流程：学习通用设计的7大原则→研究通用设计的7大原则的细则→理解PPP各原则及评价观点→根据实际项目需求以及团队经验，找出有效的PPP评价要素→根据设计目标判断评价要素的有效性并进行改良→尝试进行评价试验、在试验过程中修正PPP的各项要素。

图4-5 设计工作图

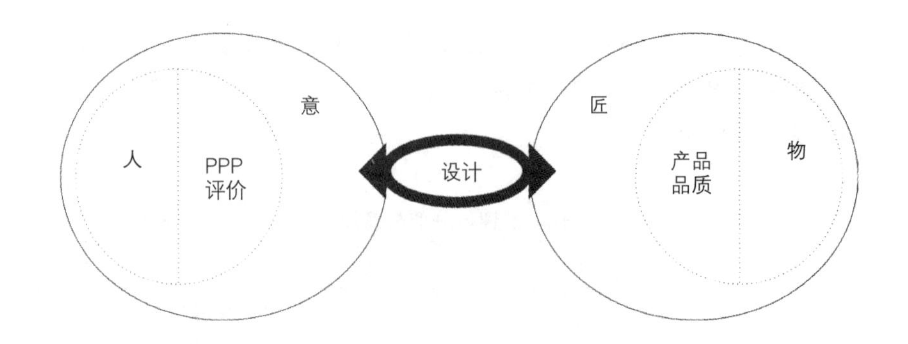

中川聪认为设计是由“意”和“匠”所组成的一项创造性工作，而 PPP 则是评价“意”的观点（图 4-5）。

在进行商品开发时：

（1）首先要进行 PPP 编组。PPP 是对应设计及开发全过程的弹性评价方法。不同的项目可以改良 37 项评价观点，使其更加符合设计项目的要求，成为更加客观有效的评价体系。通过 PPP 编组可以展开既符合项目个案又符合设计基本评判标准的体系。在进行 PPP 编组之前要充分理解 37 项原则的意义。

（2）需要不同立场的使用者共同参与。要尽量接纳与开发相关的所有领域的人员组成通用设计开发小组，不仅仅局限于设计人员。这样可以从不同的角度和立场管理设计并对设计进行综合评价。

（3）进行 PPP 编组必须遵循：以使用者的立场为出发点，具有包容性和应变弹性，简单易懂；PPP 编组的构架如图 4-6 所示。

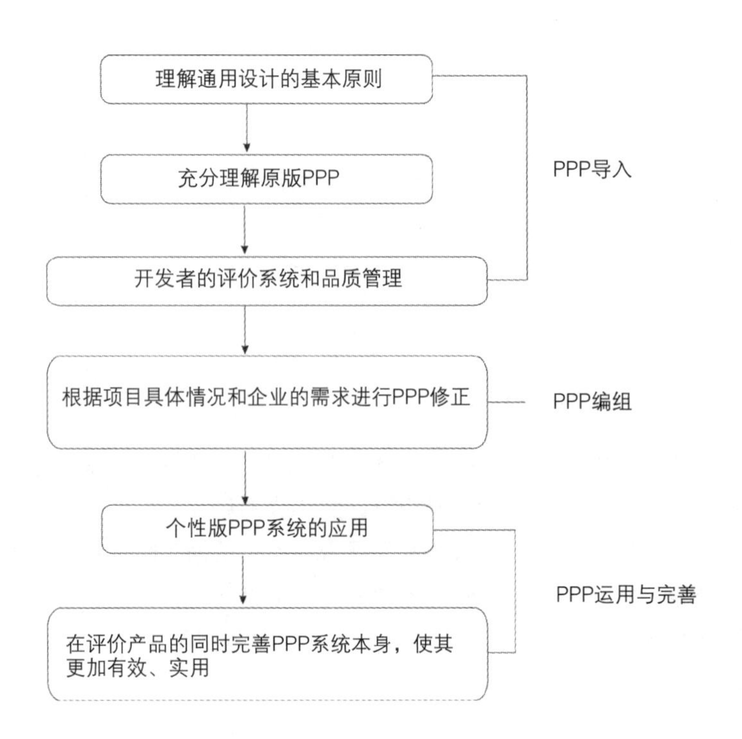

图4-6 PPP编组构架图

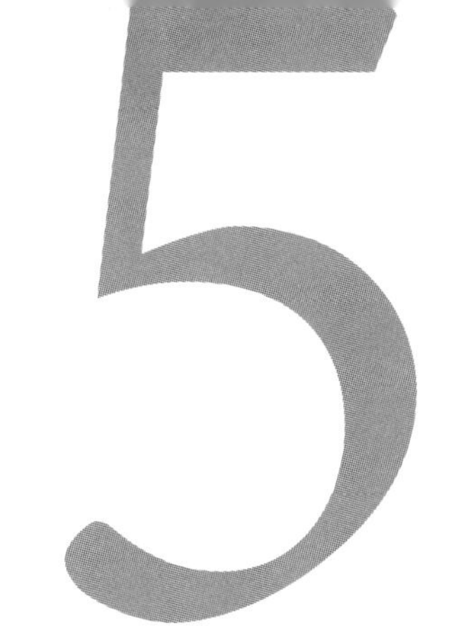

第五章 通用设计实践案例

本章通过全流程的通用设计案例让读者体会通用设计实践操作的程序和方法。通过案例阅读对前面四章所学内容有一个感性、直观的梳理和理解。下面展开两个案例的阐述，第一个根据企业实战案例改编；第二个根据学生作业进行改编。

5.1 金融智能终端 ATM 通用设计

本案例以日本通用设计研究会所记录的通用设计商品开发为原型展开讲述，由 NEC 公司设计开发，能够为高龄者、视觉障碍者带来便捷的银行 ATM 机。

下面讲述本项目基于通用设计理念展开设计的流程和步骤。

5.1.1 明确开发目标、群体和指导准则

我们的生活中充斥着各种以单一规格为设计基准的标准形态产品。这些产品以“平均”的暧昧态度进行设计，也就是在使用者条件设定（例如身高、性别等身体状况以及使用习惯、受教育程度等心理状况）不确定的状况下展开。21 世纪是多样化使用者共同存在的个性体验设计时代。因此，现代产品开发会更多地考虑不同使用族群的生活方式和个性需求，尽可能从使用者的角度来考虑让产品能适合更多样化的生活形态需求，创造更高的产品价值。

本课题的金融智能终端现有产品都基于金融行业的业务需求而设计，也就是说提出设计需求的是银行等金融行业，但最后大量使用的是存在各种心理和生理差别的普通用户。因此，此机器在使用时难免存在大量的问题和违和感。本次案例设计基于现有产品展开改良和完善，从软界面到产品机器硬实体都导入通用设计理念，打造适应各类使用群体需求、亲和力强且易于操作和使用的产品。

1. 明确开发目标

对于视觉障碍者和高龄者来说，触摸式屏幕的银行 ATM 机在操作

上有很大的障碍。虽然市场上已有针对残障人士而设置的专用 ATM 机，但这样为特殊人群定制的机器产量少且价格比普通 ATM 机贵得多，因此不能够在城市中普及。NEC 公司预想开发设计一款与标准 ATM 机相同成本，但能方便更多人群使用的 ATM 机。

2. 明确产品开发的目标人群

视觉障碍者、肢体残障者、高龄者及健常者都能方便使用。

3. 明确产品设计的通用设计指导准则

（1）减少使用者身体的负担；

（2）容许不同体格的使用人群和不同姿势的使用方式；

（3）不妨碍随身物件的使用；

（4）稳妥的操作方式；

（5）能通过各种方法获得操作信息，例如各种知觉辅助方式；

（6）操作方式容易理解。

5.1.2 设计开发人员模拟体验

"通用设计"的要点是找出对各种使用者来说，使用过程中觉得"好用"或"不好用"的关键问题，并且深究"为什么好用"、"为什么不好用"。这些问题如果比较直观，那么不同的使用者在使用过程中会暴露出来；而一些比较不易察觉的问题则需要设计师观察不同使用者的使用过程去发现和分析。因此，这一阶段必须导入"评价试验"的方式，也就是设计人员展开产品使用体验。因为前期目标用户设定了高龄者、视障者等非设计人员自身可感知的体验群体，因此这一阶段除了设计师群体的自我体验，还会采用模拟体验方法。

应对项目需求，设计团队首先对现有智能金融终端进行了多次的使用者调研。表 5-1 所示为身高分别是 161cm 和 173cm 的女生在操作一代金融终端机器时所遇到的一些问题记录和分析；表 5-2 所示为身高分别是 174cm、179cm 和 190cm 的男生在操作一代金融终端机器时所遇到的一些问题记录和分析。

女生机器操作记录与分析 **表5-1**

视频分解		图解	操作观察	动作目的	使用问题	使用者思维过程	问题分析	解决问题/优点
161cm	173cm							
		使用者点击屏幕	女生因为机器较大，比较好奇，会先选择屏幕进行操作	屏幕大小、位置使用起来是否舒适	屏幕太高	使用者走到模型前潜意识被屏幕吸引，进行点击试验	屏幕位置高	

续表

视频分解 161cm	视频分解 173cm	图解	操作观察	动作目的	使用问题	使用者思维过程	问题分析	解决问题/优点
		使用者插取银行卡	银行卡位置较高，女生够不到有点手足无措	银行卡插口位置、大小是否舒适	使用者认为银行卡插取位置非常高，使用不方便	给使用者一张银行卡，使用者普遍认为位置过高	根据用户的使用情况，发现用户插取银行卡时位置偏高	1.整体尺寸减小，减少压迫感 2.各个部分角度进行调整，使上面的出单口可以让使用者更好地接受 3.增加台面，让使用者更加方便，如放置手包、手机等，偶尔也可以支撑休息
		使用者将身份证在扫描处扫描以及插取	—	扫描身份证的位置是否方便、舒适	使用者认为身份证的扫描处应该与插卡处区分一下	扫描时不知该如何放置身份证进行扫描，放置上去又担心滑落	使用者不知如何放置，造成进行业务时间过长	
		输入密码	密码位置刚好，使用者用起来很舒适	使用起来是否舒适、安全	—	输密码时潜意识地找到位置进行输入，环顾四周看是否有人在周围	—	
		拿取凭条以及发票	位置太高，使用者有些不耐烦	拿取时高度以及角度是否舒适	拿取发票的位置太高	当发票出来会下意识去拿取，但位置过高，拿取比较困难	普遍认为位置太高，拿取不便	
		拿取单据	—	拿取高度是否舒适、方便	拿取单据的位置过高	大单据出来的位置太高，不方便拿	大单据出来使用者及时拿取，但位置过高	
		拿取U盾	—	拿取的位置高度是否舒适	U盾位置太高，且上半部分占用空间太大	U盾掉出来时，使用者会寻找U盾出口，但是够不到	U盾出口过高	
		将单据签字以及放入高拍仪进行扫描	因没地方签字，会有些烦躁	送到扫描口的高度以及签字的台面是否符合自身需要	没有地方签字	当需要签字时会找地方签字，但没有地方只能在屏幕上签字，非常不方便	没有签字以及放包的位置	
		使用电话	女生警惕性高，隐私性业务没有电话使用起来比较担心	电话位置摆放是否不耽误进行其他业务	没有电话，不方便	没有电话，有些语音业务无法进行，且高拍仪位置过低，无法迅速找到	没有电话，无法进行一些隐私业务	
		整体机器使用大小	机器太大，有压迫感	感受整体大小尺寸是否合适	尺寸太大，够不到最上面的一些出单口	机器使用者普遍觉得太大，有压迫感	尺寸太大	

男生机器操作记录与分析 表5-2

视频分解			图解	操作观察	动作目的	使用问题	使用者思维过程	问题分析	解决问题/优点
174cm	179cm	190cm							
			使用者点击屏幕	有些好奇地点击屏幕	屏幕大小、位置使用起来是否舒适	普遍认为角度刚好，但位置有些偏高	使用者走到模型前潜意识被屏幕吸引，进行操作	屏幕位置太高，使用者不愿意长时间操作	
			使用者插取银行卡	找不到银行卡位置，有些迷茫	银行卡插口位置、大小是否舒适	使用者认为银行卡插取位置有点过高，个子矮的插取非常不便	给使用者一张银行卡，使用者开始找不到插取位置，与其他口混淆	用户插取银行卡时发现位置偏高	
			使用者将身份证在扫描处扫描以及插取	扫描处与其他口容易混淆，有些着急	扫描身份证的位置是否方便、舒适	使用者认为身份证的扫描处如果放置不太清晰容易与其他插卡处混淆	扫描时不知该如何放置身份证进行扫描，放置上去又担心滑落	扫描处过于平面，使用者不知如何放置，造成使用困扰，且在众多插卡处中间、不易寻找	
			输入密码	很顺利地找到	使用起来是否舒适、安全	密码位置还可以，但是偏小，看的时候不清楚	输密码时潜意识地找到位置进行输入，环顾四周看是否有人在周围，但看起来比较吃力	密码字太小，对于手大男性不方便	1.整体尺寸缩小，减少压迫感 2.将各部分插取卡重新布局，使使用者寻找起来更方便 3.增加放包处，更有安全感
			拿取凭条以及发票	位置太高，没有耐心	拿取时高度以及角度是否舒适	拿取发票的位置太高	当发票出来会下意识地去拿取，但位置过高，拿取比较困难	对于高个子的使用者位置一般，偏矮的认为位置太高，拿取不便	
			拿取单据	—	拿取的位置、高度是否舒适	拿取单据的位置过高	当大单据出来会第一眼看见去拿，不会不理会	大单据出来使用者潜意识怕掉落会及时拿取，且有些遮挡屏幕	
			拿取U盾	—	拿取高度是否舒适、方便	U盾位置较高，但出口小，不适合手的大小	U盾掉出来时，使用者会寻找U盾出口	U盾出口有些人认为过高	
			将单据签字以及放入高拍仪进行扫描	没有地方签字，心情烦躁，找不到高拍仪	送到扫描口的高度以及签字的台面是否符合自身需要	没有地方签字，且高拍仪位置过低	当需要签字时会找地方签字，但没有地方只能在屏幕上签字，非常不方便	没有签字的位置	
			使用电话	隐私业务没有电话，心情焦躁	电话位置摆放是否不耽误进行其他业务	没有电话，不方便	没有电话，有些语音业务无法进行，且高拍仪位置过低，无法迅速找到	没有电话，无法进行一些隐私业务	
			整体机器使用大小	机器太大，有压迫感	感受整体大小尺寸是否合适	尺寸太大，使用很不便	机器使用者普遍觉得太大，有压迫感	尺寸太大	

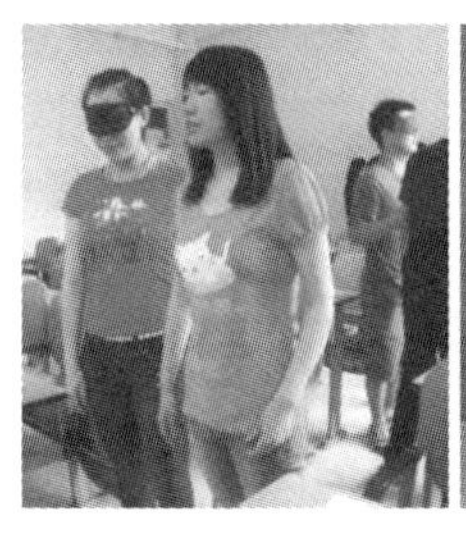
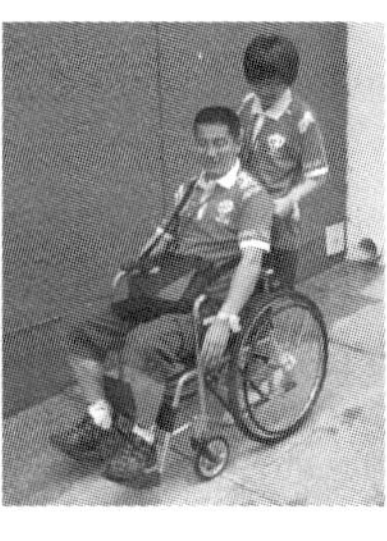

图5-1（左）
视障模拟
图5-2（中）
肢残模拟
图5-3（右）
老年模拟

经过上述一般调研和分析得出了一些初步的结论。接下来进行模拟体验使用试验。图 5-1 ～图 5-3 所示为在手腕和脚部增加重量、在眼部戴上白内障和视觉障碍的模拟装置、带上眼罩的全盲者模拟体验、带上耳塞模拟老人听力减弱、戴上手套模拟老人手力减弱状态下使用机器以及坐在轮椅上使用机器的操作状态。

设计团队一方面直接向参与试验的用户听取意见；另一方面观察记录用户的行为、操作及使用环境，发现问题并展开整理和分析。

5.1.3 把握和理解用户人群的状况

ATM 机的用户群体是多种多样的，通过用户群体的需求调查、访问、听取意见以及用户操作现场的行动观察等手法明确把握用户的使用状况，可以发现设计师本人或设计开发团队人员未能发现的问题点。

在了解各类用户的需求并听取他们的意见、观察用户的使用状况后，设计团队根据上述工作的结果展开讨论，从用户实际操作的姿势、高度要求等多方面展开：比如如何让轮椅使用者在使用时看清投币口的位置；用户操作时雨伞等随身物件的放置处；视障者如何完成操作；不同学习能力的用户如何顺利进行等。表 5-3~ 表 5-5 所示为根据本项目设定的通用设计指导准则，记录不同用户在使用原有智能终端产品时，遵循通用设计指导准则时存在的问题和建议，从左到右表格依次为老人、轮椅患者、普通用户的使用体验记录。

通用设计指导准则评价(老人)　　表5-3

<table>
<tr><th>项次</th><th>通用设计原则</th><th>问题</th><th>回答</th><th>其他意见</th></tr>
<tr><td>1</td><td rowspan="2">原则一：
人人都能公平使用
平均评量分数
3.35/5.00</td><td>每个人都能用同样的方式使用吗?</td><td>□全部都可以
■多数可以
□尚可
□少数可以
□极少数可以</td><td>残障人士左右移动比较吃力</td></tr>
<tr><td>2</td><td>是否忽略，甚至歧视了某些使用者?</td><td>□完全不会
■不怎么会
□普通，还好
□有可能会
□很可能会</td><td>对于残障人士考虑不周</td></tr>
</table>

续表

项次	通用设计原则	问题	回答	其他意见
3	原则一： 人人都能公平使用 平均评量分数 3.35/5.00	对于每个使用者都能确保隐私与安全性吗?	□完全都可以 □多数可以 □尚可 □少数可以 ■极少数可以	安全性考虑甚少（如密码处），无挡板
4		对于每个使用者都具有吸引力吗?	□全部都有 ■大部分有 □普通 □几乎没有 □完全没有	依旧有部分非城市用户对机器感到陌生，心存芥蒂
5	原则二：弹性使用 平均评量分数 3.75/5.00	使用者能否选择不同的操作方式?	□完全可以 □大致上可以 ■勉强可以 □有点不可以 □完全不可以	主要通过手部使用，其他部位使用起来较为不便
6		左撇子或右撇子都可正常使用吗?	□完全可以 ■大致上可以 □勉强可以 □有点不可以 □完全不可以	右手相对方便于左手
7		可以确保使用上的精确度或准确度吗?	□完全可以 □大致上可以 ■勉强可以 □有点不可以 □完全不可以	出入口摆放混乱，容易混淆
8		使用者可以依照自己的步调操作吗?	■完全可以 □大致上可以 □勉强可以 □有点不可以 □完全不可以	—
9	原则三：直观易用 平均评量分数 4.00/5.00	是否有不必要的复杂信息?	□完全没有 ■很少 □有一些 □蛮多的 □很多	视频的可用性有待商榷
10		是否符合使用者的预期与直觉?	□完全符合 ■蛮符合的 □有一些 □几乎没有 □完全没有	部分组成部件需要根据使用者习惯及操作流程调整摆放位置
11		适用于具有阅读或语言障碍的使用者吗?	□完全适用 □蛮适用的 ■有一点 □几乎没有 □完全没有	—

续表

项次	通用设计原则	问题	回答	其他意见
12	原则三：直观易用 平均评量分数 4.00/5.00	重要的信息是否显眼而容易被注意到？	■很清楚 □清楚 □还好 □不清楚 □找不到	部分区域主次关系还得深入考虑
13		操作中或操作后有无适当的回馈或提示？	□非常多 ■蛮多的 □有一点 □几乎没有 □完全没有	—
14	原则四： 信息多元易察 平均评量分数 2.75/5.00	信息提供的媒介是否充足、丰富？	□非常丰富 ■丰富 □尚可 □不怎么够 □完全不够	触觉上没有过多设计
15		重要信息是否易读、易了解？	□非常容易 □容易 ■尚可 □有点不容易 □非常不容易	操作区域过广，超过人的视觉舒适范围
16		各项元素是否不容易混淆？	□很清楚 □满意 □尚可 ■有点混淆 □很容易混淆	U盾口与发票打印口等易混淆
17		视障者、听障者是否也能顺利操作？	□完全可以 □可以 □勉强可以 ■有点不可以 □完全不可以	有点困难，盲人通过设置盲文与电话识别；听障者通过文字图标识别
18	原则五： 防止意外并允许错误 平均评量分数 4.50/5.00	使用时是否容易犯错？	□完全不会 ■几乎不会 □还好 □偶尔会 □非常会	各项目出入卡口需作调整
19		对于错误是否有适度的警告？	□很充足 ■蛮多的 □有一点 □几乎没有 □完全没有	—
20		操作错误的话，会造成什么严重后果吗？	■完全不会 □几乎不会 □普通 □可能会 □很可能会	—

续表

项次	通用设计原则	问题	回答	其他意见
21	原则五：防止意外并允许错误 平均评量分数 4.50/5.00	是否可避免使用者作出不必要的动作？	■完全可以 □大致上可以 □勉强可以 □有点不可以 □完全不可以	—
22	原则六：省力 平均评量分数 2.00/5.00	使用者可以用自然的姿势去操作吗？	□完全可以 □可以 ■勉强可以 □有点不可以 □完全不可以	体积过宽以致操作幅度过大，不舒适
23		操作所需的力量是否合理？	□非常省力 ■蛮省力的 □普通 □有点费力 □很费力	对于残障人士考虑不周
24		是否需要很多的重复动作？	□完全不需要 □几乎不需要 □普通 ■常常需要 □非常需要	操作流程需要较繁复的程序
25		操作时需要持续施力吗？	□完全不需要 □几乎不需要 ■普通 □常常需要 □非常需要	使用者需要经常左右移动
26	原则七： 便利的尺寸与空间 平均评量分数 3.00/5.00	乘坐轮椅者的视线会受到阻碍吗？	□完全不会 □不怎么会 ■还好 □常常会 □完全会	对于残障人士考虑甚少
27		操作组件都在乘坐轮椅者可伸及的范围吗？	□完全可以 □可以 □勉强可以 □有点不可以 ■完全不可以	基本够不到除操作屏以外其他组成部分
28		手掌大小不同的人都能顺利使用吗？	□完全可以 ■可以 □勉强可以 □有点不可以 □完全不可以	密码输入处略小
29		照护人员也有足够的空间吗？	□非常足够 ■足够 □普通 □有点不够 □完全不足够	—

通用设计指导准则评价（轮椅患者） 表5–4

项次	通用设计原则	问题	回答	其他意见
1	原则一：人人都能公平使用 平均评量分数 4.00/5.00	每个人都能用同样的方式使用吗?	□全部都可以 ■多数可以 □尚可 □少数可以 □极少数可以	总体体量感适中，多数人群使用起来较为舒适
2		是否忽略、甚至歧视了某些使用者?	□完全不会 ■不怎么会 □普通，还好 □有可能会 □很可能会	极个别残障人士考虑不周
3		对于每个使用者都能确保隐私与安全性吗?	□完全都可以 ■多数可以 □尚可 □少数可以 □极少数可以	少数过高人群可以在使用者头顶上方看到
4		对于每个使用者都具有吸引力吗?	□全部都有 ■大部分有 □普通 □几乎没有 □完全没有	依旧部分非城市用户对机器感到陌生，心存芥蒂
5	原则二：弹性使用 平均评量分数 4.00/5.00	使用者能否选择不同的操作方式?	□完全可以 □大致上可以 ■勉强可以 □有点不可以 □完全不可以	主要通过手部使用，其他部位使用起来较为不便
6		左撇子或右撇子都可正常使用吗?	□完全可以 ■大致上可以 □勉强可以 □有点不可以 □完全不可以	右手相对方便于左手
7		可以确保使用上的精确度或准确度吗?	□完全可以 ■大致上可以 □勉强可以 □有点不可以 □完全不可以	需要更加强调主次感（例如插卡口等）
8		使用者可以依照自己的步调操作吗?	■完全可以 □大致上可以 □勉强可以 □有点不可以 □完全不可以	—
9	原则三：直观易用 平均评量分数 4.00/5.00	是否有不必要的复杂信息?	□完全没有 ■很少 □有一些 □蛮多的 □很多	—

续表

项次	通用设计原则	问题	回答	其他意见
10	原则三：直观易用 平均评量分数 4.00/5.00	是否符合使用者的预期与直觉？	□完全符合 ■蛮符合的 □有一些 □几乎没有 □完全没有	部分组成部件需要根据使用者习惯及操作流程调整摆放位置
11		适用于具有阅读或语言障碍的使用者吗？	□完全适用 □蛮适用的 ■有一点 □几乎没有 □完全没有	不识字与阅读障碍（通过图标提示）
12		重要的信息是否显眼而容易注意到？	■很清楚 □清楚 □还好 □不清楚 □找不到	部分区域主次关系还得深入考虑
13		操作中或操作后有无适当的回馈或提示？	□非常多 ■蛮多的 □有一点 □几乎没有 □完全没有	—
14	原则四： 信息多元易察 平均评量分数 3.50/5.00	信息提供的媒介是否充足、丰富？	□非常丰富 ■丰富 □尚可 □不怎么够 □完全不够	触觉上没有过多设计
15		重要信息是否易读、易了解？	□非常容易 ■容易 □尚可 □有点不容易 □非常不容易	—
16		各项元素是否不容易混淆？	□很清楚 ■清楚 □尚可 □有点混淆 □很容易混淆	银行卡与身份证卡出入口容易混淆
17		视障者、听障者是否也能顺利操作？	□完全可以 □可以 □勉强可以 ■有点不可以 □完全不可以	有点困难，盲人通过设置盲文与电话识别；听障者通过文字图标识别
18	原则五： 防止意外并允许错误 平均评量分数 4.50/5.00	使用时是否容易犯错？	□完全不会 ■几乎不会 □还好 □偶尔会 □非常会	各项目出入卡口需作调整

续表

项次	通用设计原则	问题	回答	其他意见
19	原则五：防止意外并允许错误 平均评量分数 4.50/5.00	对于错误是否有适度的警告？	□很充足 ■蛮多的 □有一点 □几乎没有 □完全没有	—
20		操作错误的话，会造成什么严重后果吗？	■完全不会 □几乎不会 □普通 □可能会 □很可能会	—
21		是否可避免使用者作出不必要的动作？	■完全可以 □大致上可以 □勉强可以 □有点不可以 □完全不可以	—
22	原则六：省力 平均评量分数 3.50/5.00	使用者可以用自然的姿势去操作吗？	□完全可以 ■可以 □勉强可以 □有点不可以 □完全不可以	上半部分出口角度以及宽度需再作考虑
23		操作所需的力量是否合理？	□非常省力 ■蛮省力的 □普通 □有点费力 □很费力	对于残障人士考虑不周
24		是否需要很多的重复动作？	□完全不需要 □几乎不需要 □普通 ■常常需要 □非常需要	操作流程需要较繁复的程序
25		操作时需要持续施力吗？	□完全不需要 ■几乎不需要 □普通 □常常需要 □非常需要	—
26	原则七：便利的尺寸与空间 平均评量分数 2.50/5.00	乘坐轮椅者的视线会受到阻碍吗？	□完全不会 □不怎么会 □还好 ■常常会 □完全会	对于残障人士考虑甚少
27		操作组件都在乘坐轮椅者可伸及的范围吗？	□完全可以 □可以 □勉强可以 □有点不可以 ■完全不可以	基本够不到操作界面

续表

项次	通用设计原则	问题	回答	其他意见
28	原则七：便利的尺寸与空间 平均评量分数 2.50/5.00	手掌大小不同的人都能顺利使用吗?	■完全可以 □可以 □勉强可以 □有点不可以 □完全不可以	—
29		照护人员也有足够的空间吗?	□非常足够 □足够 □普通 ■有点不够 □完全不足够	因体积限制以及出于安全性考虑，只能容纳使用者本身

通用设计指导准则评价（普通用户） 表5–5

项次	通用设计原则	问题	回答	其他意见
1	原则一：人人都能公平使用 平均评量分数 2.75/5.00	每个人都能用同样的方式使用吗?	□全部都可以 □多数可以 □尚可 ■少数可以 □极少数可以	总体体量感过大，高的人使用会有压抑感，矮的人需要踮脚才够得到
2		是否忽略、甚至歧视了某些使用者?	□完全不会 □不怎么会 ■普通、还好 □有可能会 □很可能会	低于平均身高的人使用起来较为困难
3		对于每个使用者都能确保隐私与安全性吗?	□完全都可以 □多数可以 ■尚可 □少数可以 □极少数可以	位于机器正侧面可以完全确保隐私与安全，如果位于偏侧面仍旧存在诸多安全隐患
4		对于每个使用者都具有吸引力吗?	□全部都有 □大部分有 ■普通 □几乎没有 □完全没有	部分非城市用户对机器感到陌生，必存芥蒂
5	原则二：弹性使用 平均评量分数 4.00/5.00	使用者能否选择不同的操作方式?	□完全可以 □大致上可以 ■勉强可以 □有点不可以 □完全不可以	主要通过手部使用，其他部位使用起来较为不便
6		左撇子或右撇子都可正常使用吗?	□完全可以 ■大致上可以 □勉强可以 □有点不可以 □完全不可以	右手相对方便于左手

续表

项次	通用设计原则	问题	回答	其他意见
7	原则二：弹性使用 平均评量分数 4.00/5.00	可以确保使用上的精确度或准确度吗？	□完全可以 ■大致上可以 □勉强可以 □有点不可以 □完全不可以	对于部分区域需微调整（字体大小、插口位置，密码按键略小容易出现错按）
8		使用者可以依照自己的步调操作吗？	■完全可以 □大致上可以 □勉强可以 □有点不可以 □完全不可以	—
9	原则三：直观易用 平均评量分数 4.00/5.00	是否有不必要的复杂信息？	□完全没有 ■很少 □有一些 □蛮多的 □很多	基本没有（缺少反光镜、电话等零部件）
10		是否符合使用者的预期与直觉？	□完全符合 ■蛮符合的 □有一些 □几乎没有 □完全没有	部分组成部件需要根据使用者习惯及操作流程调整摆放位置
11		适用于具有阅读或语言障碍的使用者吗？	□完全适用 □蛮适用的 ■有一点 □几乎没有 □完全没有	不识字与阅读障碍（通过图标提示）
12		重要的信息是否显眼而容易注意到？	■很清楚 □清楚 □还好 □不清楚 □找不到	部分区域主次关系还得深入考虑
13		操作中或操作后有无适当的回馈或提示？	□非常多 ■蛮多的 □有一点 □几乎没有 □完全没有	—
14	原则四： 信息多元易察 平均评量分数 3.50/5.00	信息提供的媒介是否充足、丰富？	□非常丰富 ■丰富 □尚可 □不怎么够 □完全不够	触觉上没有过多设计
15		重要信息是否易读、易了解？	□非常容易 ■容易 □尚可 □有点不容易 □非常不容易	屏幕向下移一点

续表

项次	通用设计原则	问题	回答	其他意见
16	原则四： 信息多元易察 平均评量分数 3.50/5.00	各项元素是否不容易混淆？	□很清楚 ■清楚 □尚可 □有点混淆 □很容易混淆	银行卡与身份证卡出入口容易混淆
17		视障者、听障者是否也能顺利操作？	□完全可以 □可以 □勉强可以 ■有点不可以 □完全不可以	有点困难，盲人通过设置盲文与电话识别；听障者通过文字图标识别
18	原则五： 防止意外并允许错误 平均评量分数 4.50/5.00	使用时是否容易犯错？	□完全不会 ■几乎不会 □还好 □偶尔会 □非常会	各项目出入卡口需作调整
19		对于错误是否有适度的警告？	□很充足 ■蛮多的 □有一点 □几乎没有 □完全没有	—
20		操作错误的话，会造成什么严重后果吗？	■完全不会 □几乎不会 □普通 □可能会 □很可能会	—
21		是否可避免使用者作出不必要的动作？	■完全可以 □大致上可以 □勉强可以 □有点不可以 □完全不可以	—
22	原则六：省力 平均评量分数 3.00/5.00	使用者可以用自然的姿势去操作吗？	□完全可以 □可以 ■勉强可以 □有点不可以 □完全不可以	对低于平均身高的使用者有所限制
23		操作所需的力量是否合理？	□非常省力 □较省力的 ■普通 □有点费力 □很费力	对低于平均身高的使用者需要踮脚使用
24		是否需要很多的重复动作？	□完全不需要 □几乎不需要 □普通 ■常常需要 □非常需要	操作流程需要较繁复的程序

续表

项次	通用设计原则	问题	回答	其他意见
25	原则六：省力 平均评量分数 3.00/5.00	操作时需要持续施力吗？	□完全不需要 ■几乎不需要 □普通 □常常需要 □非常需要	增加台面放置手提包
26	原则七： 便利的尺寸与空间 平均评量分数 2.75/5.00	乘坐轮椅者的视线会受到阻碍吗？	□完全不会 □不怎么会 □还好 ■常常会 □完全会	对于残障人士考虑甚少
27		操作组件都在乘坐轮椅者可伸及的范围吗？	□完全可以 □可以 □勉强可以 □有点不可以 ■完全不可以	基本够不到操作界面
28		手掌大小不同的人都能顺利使用吗？	■完全可以 □可以 □勉强可以 □有点不可以 □完全不可以	—
29		照护人员也有足够的空间吗？	□非常足够 □足够 ■普通 □有点不够 □完全不足够	因体积较大，所以照护人员也可以同时使用

5.1.4 制作产品原型和用户评价

在经过上述用户调查后发现大量存在的问题。设计团队明确设计方向，探讨改善设计方案。经过团队内部的讨论和筛选，会达成一些有共识的改良或创新方案。根据这些方案，团队可以进行第一次产品原型制作。这一轮方案会有许多方向，比如在视觉障碍者的协助下所得出的用户评价结果，会以触觉为探讨主题展开深入发展，对 ATM 机触屏的按压方式提出设计构想。图 5-4 所示为触觉记号设计制作的产品原型。而在轮椅者协助下所得出的用户评价结果，会从屏幕和操作台的高度为主题展开深入发展。图 5-5 所示为针对不同身高群体的倾斜操作界面的产品原型。

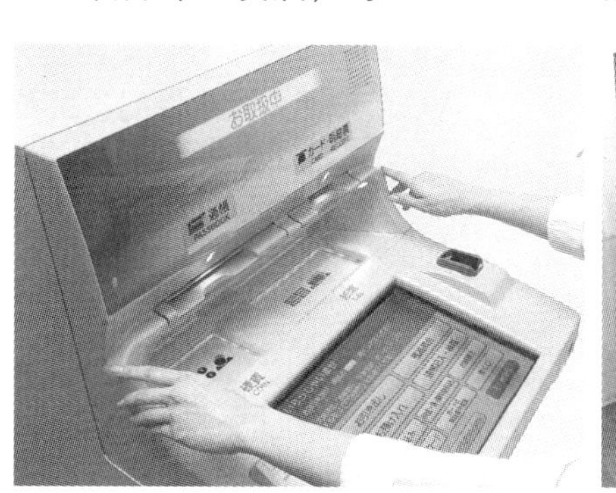

图5-4（左）
触觉记号产品原型
图5-5（右）
倾斜屏幕产品原型

接着各类用户群体对产品原型进行

图5-6
触觉设计方案原型

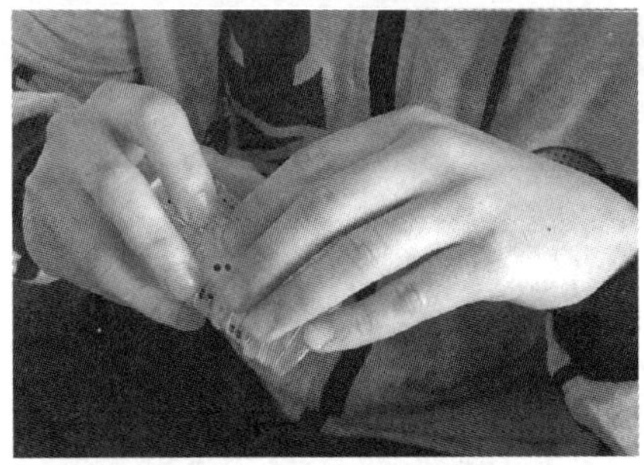

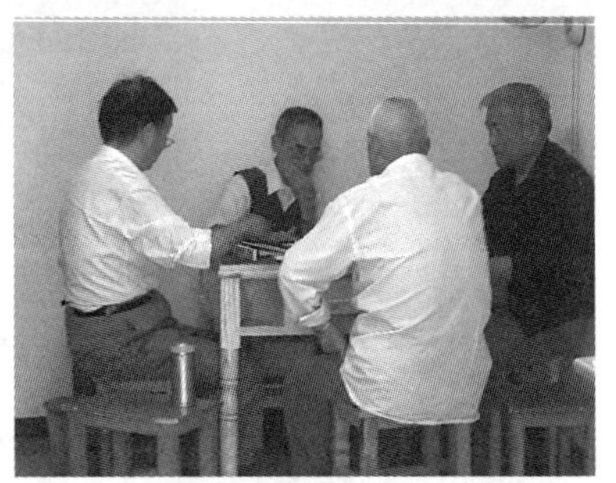

图5-7（左）
视障者评价
图5-8（右）
高龄者评价

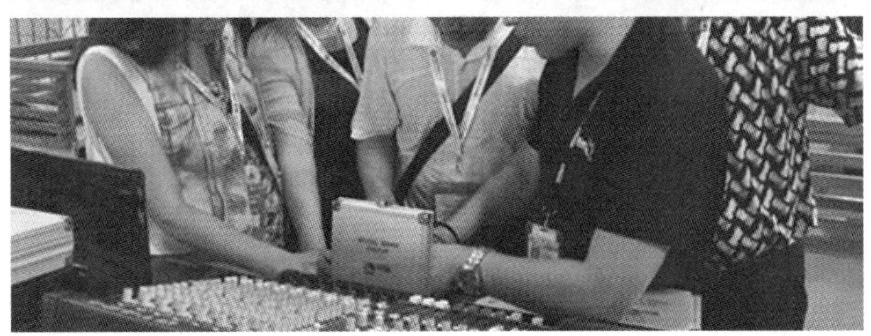

图5-9
声音评价

第二阶段的评价，验证设计方案的有效性。设计中采用了在触摸屏周围装置凸状的触觉记号的方案。这个触觉记号要求有较高的认知度，和 ATM 机的功能相对应，而且与其他企业的 ATM 机记号能区分开来。设计过程中进行大量的方案探讨和反复的评价，并实际让视觉障碍者也参与了评价。最终决定的样式成为了日本自动贩卖机协会的规格标准。图 5-6 所示为触觉设计方案原型评价记录；图 5-7 所示为视觉障碍用户对不同原型接触部分形状和角度的评价记录；图 5-8 所示为高龄者参与界面设计的评价记录；图 5-9 所示为声音提示设计的原型评价记录。设计开发人员听取用户使用后的意见和感想，探讨如何进一步改善方案的工作。

5.1.5 模拟界面试验

上述第四项为机器操作硬实体部分的试验和分析。ATM 等智能终端不仅要设计硬界面，还要进行软界面的设计。首先会对原有设计展开一些用户操作分析。图 5-10 所示为不同性别视距与操作范围的测试和结果；图 5-11 所示为借助眼动设备对单个界面操作进行的试验和分析。

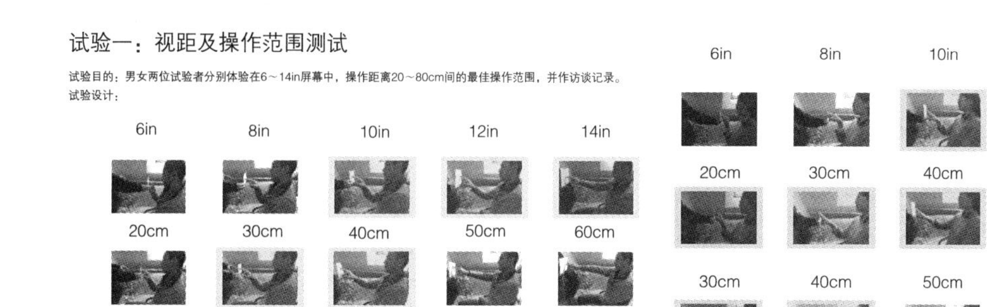

图5–10
视距与操作范围试验

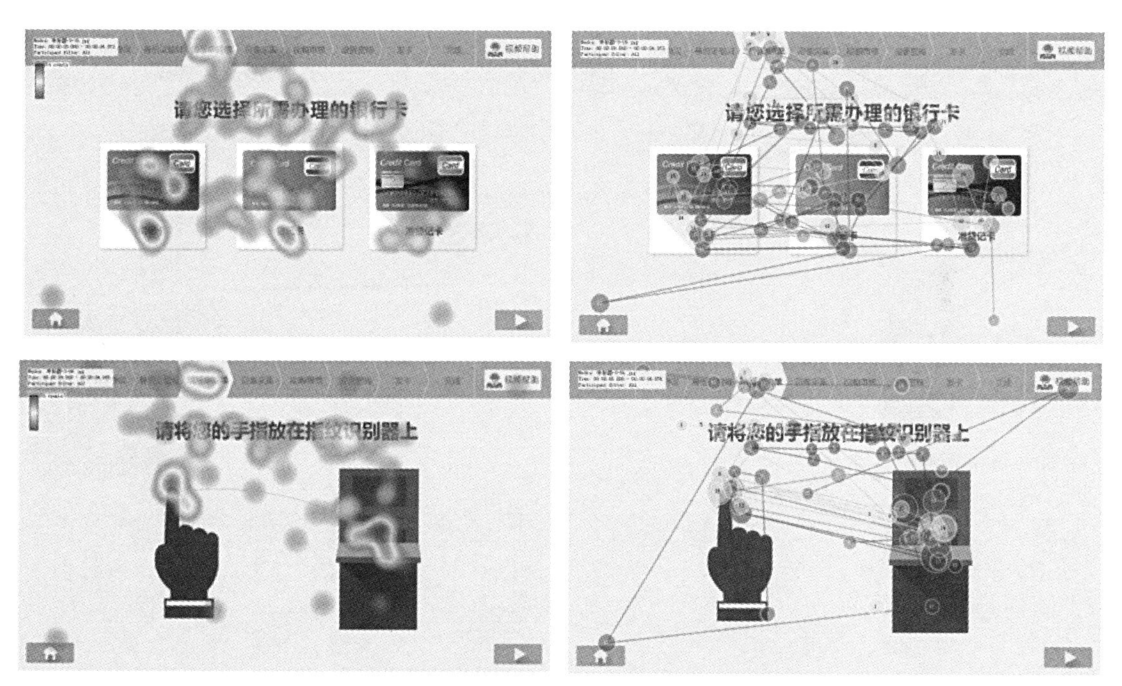

图5–11
界面方案眼动仪试验

为了实现高龄者、弱视者易读的触摸式界面设计，在上述试验基础上借助一些道具模拟高龄者、残障人等特殊人群的特征进行界面的模拟试验。比如佩戴模拟重度白内障的眼镜，实现具有较高认知度的界面设计。图 5–12、图 5–13 所示为在同一 ATM 机上设计了两种界面的切换，一种是特殊人群也能方便操作的通用设计界面，另一种是日常标准界面。不论是哪一种界面设计都是高龄者易读的文字大小、色彩对比度，简单易懂的操作流程，并在屏幕的周围设置了与界面功能相对应的按钮。

图5-12（左）
可切换的界面设计（一）
图5-13（右）
可切换的界面设计（二）

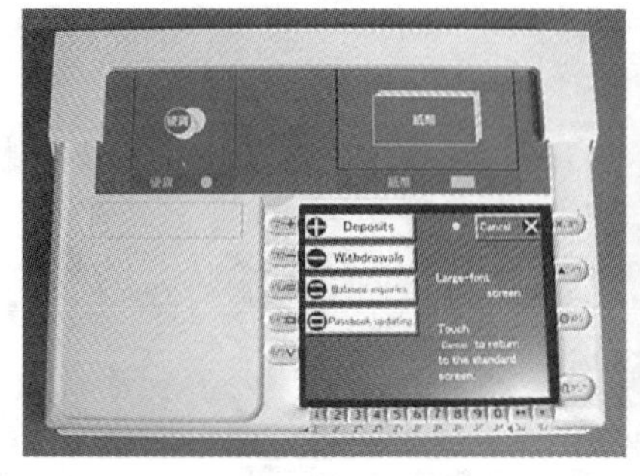

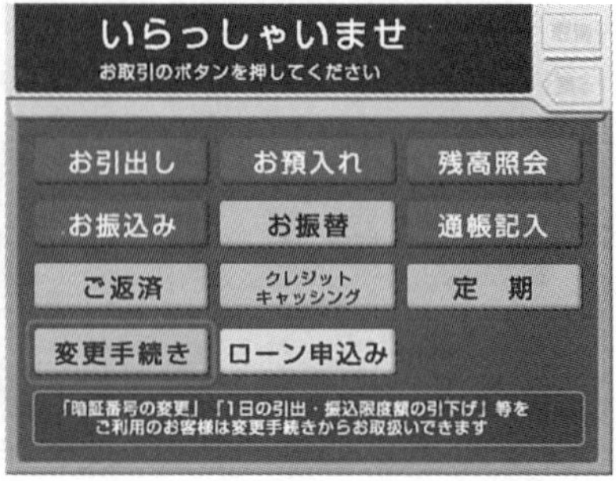

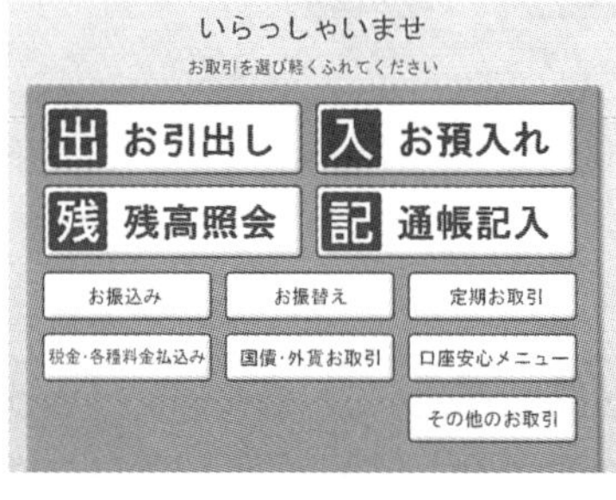

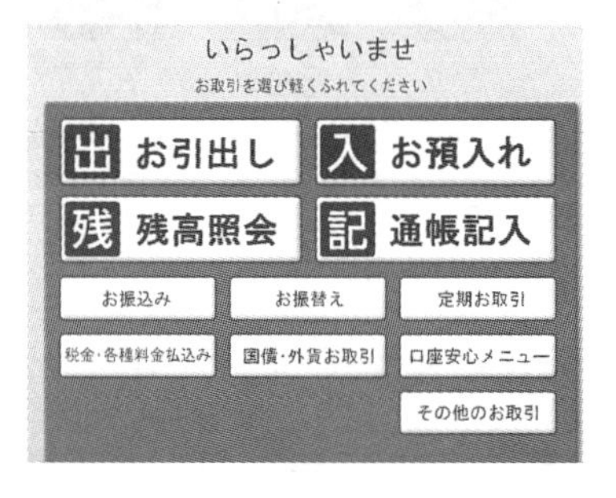

图5-14　色觉模拟试验界面

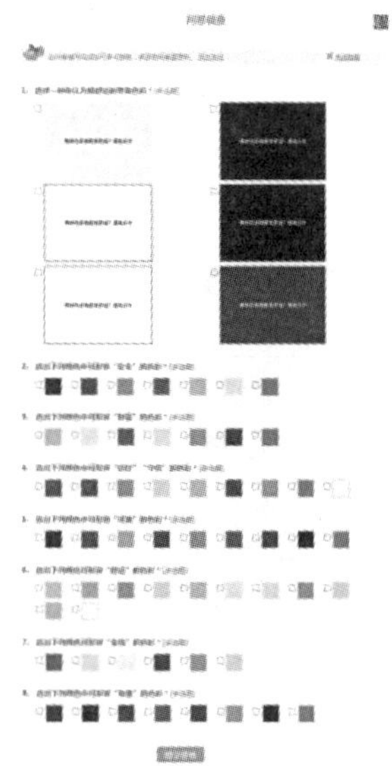

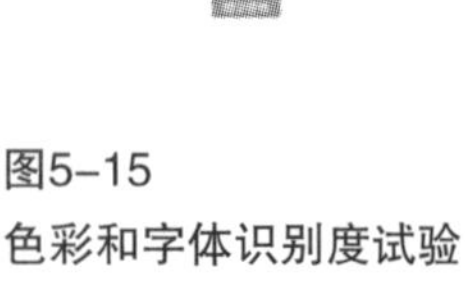

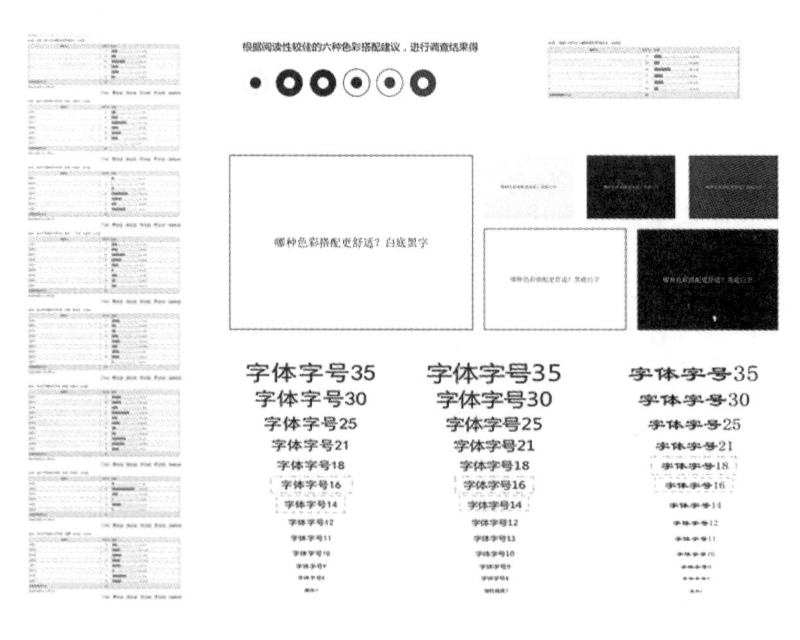

图5-15
色彩和字体识别度试验

在进行色觉模拟试验时，设计师通过使用画面处理软件，实现了视觉障碍者也能清晰可见的界面设计。图 5-14 所示是通用设计界面中取款页面的色觉模式试验，从左到右分别是第一色觉（不能识别绿色）、第二色觉（不能识别红色）、第三色觉（不能识别蓝色）情况下的页面呈现状况。因为不同的色彩组合会影响信息的可读性，设计师的任务是通过这样的试验，为各类视觉障碍者提供最佳信息呈现的色彩方案。图 5-15 所示为界面色彩和字体识别度的部分试验记录。

5.1.6 市场评价与验证

从最初的用户需求调查开始，整个设计开发过程中反复进行了样品模型试验与评价，一直到产品投产市场，用户试验与评价也持续在进行，为下一代产品的优化与改良提供反馈。最终的方案以标准ATM机的成本，导入通用设计的理念完成了新一代产品。图 5-16 所示为最终投入市场后的商品，视觉障碍的用户进行市场反馈的评价验证的记录。

最终产品满足了公平使用的原则。不管什么样的用户都不会感受到差别待遇或不公平。弱视、高龄者、白内障患者、色弱等特殊人群易识别的文字大小和画面色彩设计；为方便轮椅使用者，在银币投入口设置镜子，即使坐在轮椅上也能在投银币或取纸币时看清投入口的位置。图 5-17 所示为存款入口的银币投射在镜子中的状态。

设计也满足了在不同使用环境和使用状况下能同样适用的原则。新的产品有很贴心的随身物品和雨伞放置处设计。图 5-18 所示为将触摸屏的前端设计成有高度差的边缘，不仅可防止银币滑落，同时也能搁放雨伞解放双手。

设计也体现了弹性使用原则，就是操作方式的可选择性。比如图 5-19 所示凸状记号的设置可以让视障者进行触摸操作；而存钱为“+”、取钱为“-”的图标设计让不懂盲文的视觉障碍者也能进行识别操作。

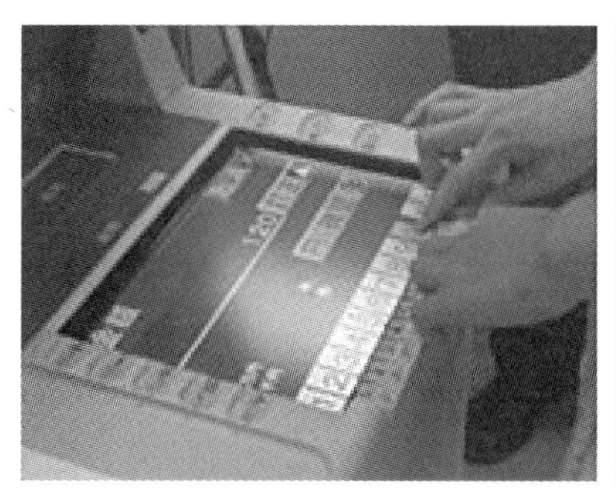
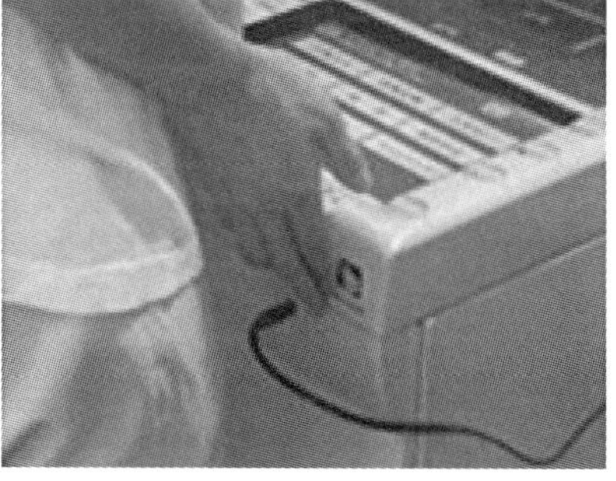

图5-16　最终产品评价

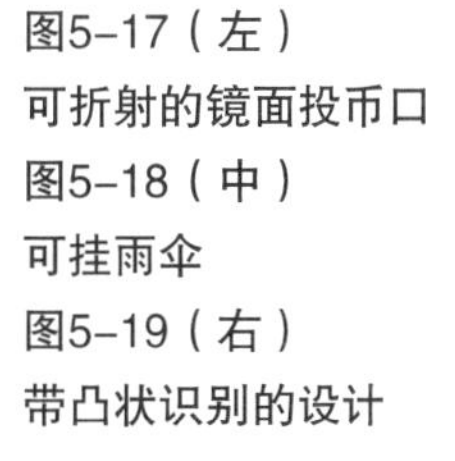

图5-17（左）
可折射的镜面投币口
图5-18（中）
可挂雨伞
图5-19（右）
带凸状识别的设计

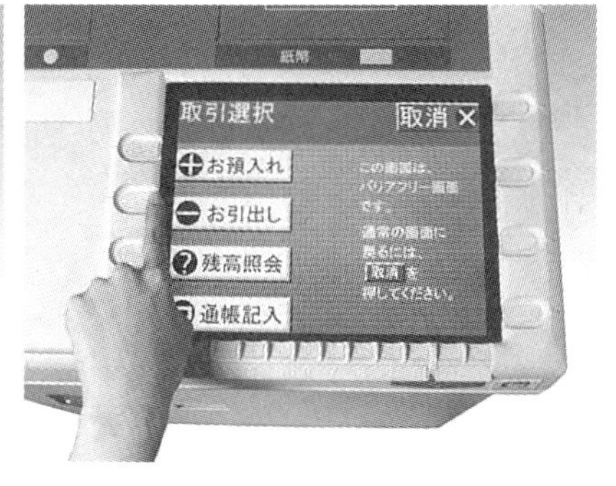

5.1.7　导入雷达评价

最后对设计的产品展开雷达评价图，包括各方案的比较等。图 5-20 所示为软界面各方案的雷达评价图；图 5-21 所示为硬界面各方案的雷达评价图；图 5-22 所示为硬界面各方案的雷达评价对比图。

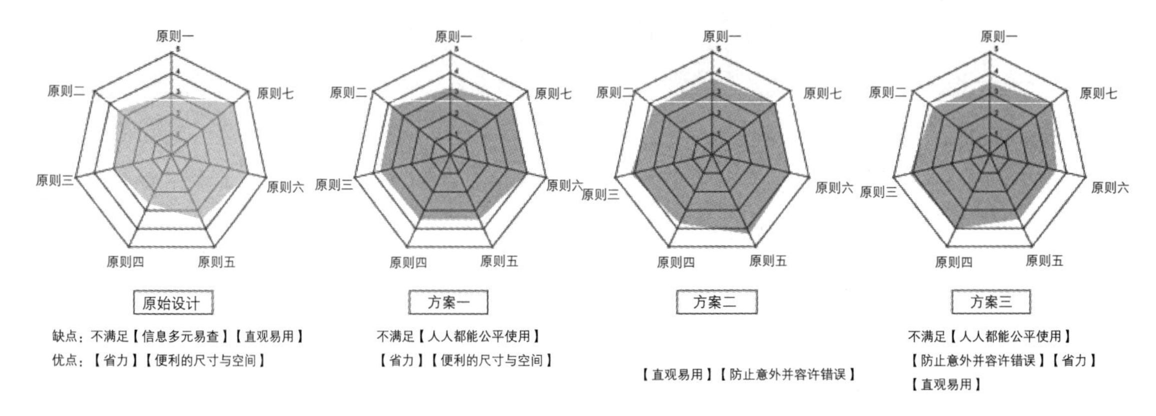

图5-20
软界面雷达评价图

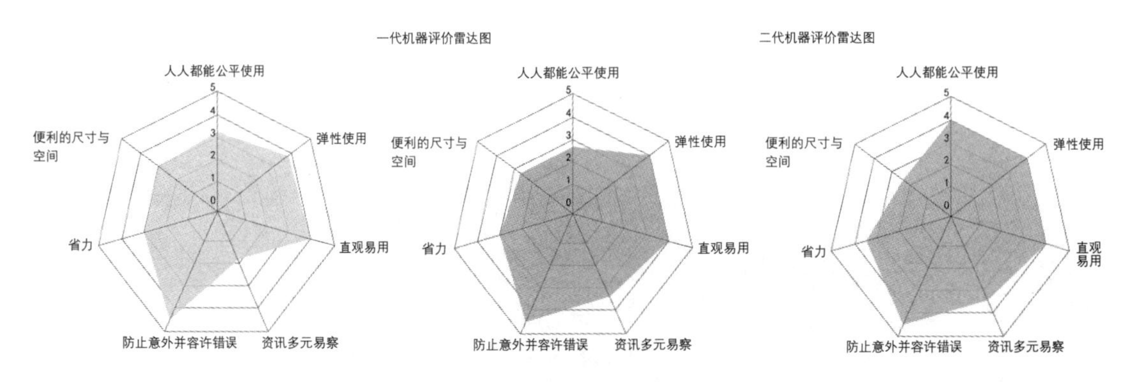

图5-21
硬界面雷达评价图

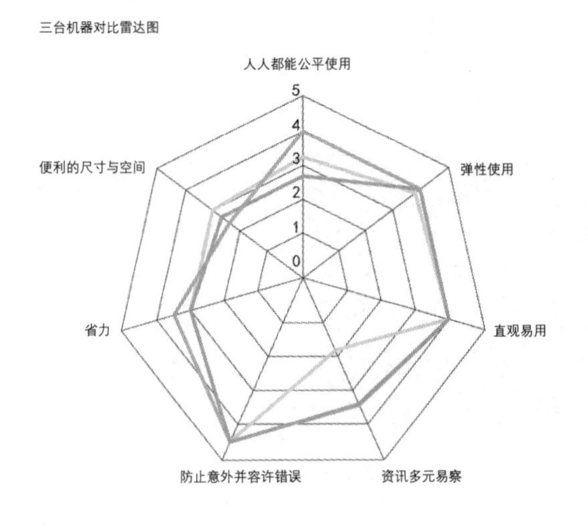

图5-22
雷达评价对比图

5.1.8 总结

通用设计与以往的产品开发手法最大的不同点在于通用设计在整体的开发流程中尽量邀请使用者参加其中过程，透过多方面观察不同使用者的生活形态之过程，聆听使用者的声音并重视其需求、理解使用者的感受、发现使用者不满意的地方以及导致的原因。通用设计不仅可以挖掘出使用者对于商品的不满处以及潜在需求，通过观察使用者以及与使用者共同进行商品开发的过程更可以开拓设计师的视角，展开创新概念和设计，是未来设计的重要方向之一。

5.2 园艺整篱剪通用设计

本案例以园艺整篱剪为通用设计改良对象展开设计研发工作，根据欧阳霜平、王安琪等同学的作业编写。下面按照开发流程展开讲解。

5.2.1 PPP 编组前期工作

首先是 PPP 导入，对通用设计基本原则进行讲解并通过搜集相关通用设计案例进行对这些原则应用的理解。本课题通过让团队成员整理出在日常生活中通用设计原则实施的好与不好的两种案例，并说明其各自应用的原则与应该运用的原则，如表 5-6 所示，此举目的是使设计团队成员充分理解原版 PPP。在此基础上，企业和开发团队制订本课题的评价系统和品质管理要求。因为本课题是课程模型作业，因此本次课题由设计团队自行展开评价系统和最终要求。接下来是根据具体情况进行个性化的通用设计原则编组工作。

日常生活用品通用设计原则实施调研 表5-6

产品名称	案例图片	品牌、型号、规格	生产时间	违背通用设计原则	符合设计原则	通用设计原则分析	解决方法或案例
公交车吊环扶手		孟克立	—	吊环扶手和上面的扶手杆用布带连接，随意晃动。在车子突然刹车、启动或者转弯的时候，抓着这个扶手的乘客会360°随意转动，无法平衡稳固自己	具有灵活性，用户使用时不死板，公交车拥挤时，站在过道上的乘客也可以拉，不会受到距离的局限	因为用户的使用经验，所以导致用户对这样的产品产生恐惧、抵抗心理，因而在公车上不选择使用它。 设计者可能为了解决公交车拥挤时乘客安全问题，而忽略了其他	—
台式电脑键盘		DELL	2008年	台式电脑的键盘，按键之间缝隙很大，平时在使用电脑时，会有一些垃圾掉入缝隙里，时间久了还会积满灰尘	—	用户的生活、价值观不同，对产品处理的看法和方式也不同。对于一些女生或爱干净的人来说，键盘脏了会影响使用电脑时的心情	—

续表

产品名称	案例图片	品牌、型号、规格	生产时间	违背通用设计原则	符合设计原则	通用设计原则分析	解决方法或案例
公共自行车坐垫		—	—	一些用户时间紧急急需借车但借车处只剩下两三辆，坐垫不是太高就是太低没法骑，想把坐垫调整一下，需要扳手等工具，身边又没有，所以很着急	比较牢固，不会因为碰撞或随意的搬动而挪动，骑车时比较稳固和放心	存在设计歧途，设计人员不是典型的用户，设计人员的客户未必是产品的用户。设计师要设计方便、适用的产品，一开始就要把各种因素考虑进去，协调与设计相关的学科，观察细微，亲身体验	因此坐垫的固定最好做成手动可调节的，扭转式，提高自行车的实用率和使用率
M550c手机		索尼爱立信M550c	2005年	由于机身采用了可旋转设计，为了给旋转让路，数字键采用了凹陷式设计，因此带来了手感上的不适，同时由于每个数字键的面积比较小，手指经常会误触到别的键上	键盘界面整洁、时尚	凹陷式设计，一方面实现了机身旋转的自由度，用户使用起来得心应手，另一方面也让用户在使用键盘时受到了一定的限制，不能满足一部分用户的使用习惯	将竖排的数字键之间的间隔拉开，以免使用时误按到其他键上
五孔插座		西门子灵动系列	2007年	三相插头如果是圆形就能与两相插头一起插上，如果三相插头是蛇形，就不能与两相插头一起插，说明在设计上确实存在缺陷	—	设计者没有充分考虑到用户日常的生活环境以及生活条件，设计较为片面；没有充分考虑到用户在使用之后可能出现的问题。改进后的插座最大限度上地解决了这个问题，满足了用户的日常使用习惯	西门子灵致系列在插空位置上有了改进，将两孔和三孔之间的距离拉大
好丽友木糖醇3+无糖口香糖		好丽友	2007年	两层的瓶身使整个瓶子很不稳定，放在包里时很容易打翻，只能平放在桌上	通过一提一按的简单操作按出口香糖，不仅增加了趣味性，还提高了方便、卫生性	打破了消费者的惯性思维，增加了操作负担，使消费者不能随心所欲地选择喜欢的味道和随身携带。应该充分考虑用户的使用目的和思维习惯，借鉴此类产品的设计给用户带来了怎样的思维定式和潜意识。没考虑知觉产品易用性的基本需要和预设用途	好丽友其他款的设计操作简单，一目了然，而且便于携带，体现了知觉产品设计易用性的基本需要，预设用途明确
U盘		威刚科技	2009年	插口过薄，无论正反都能插进USB接口，使电脑USB接口的防呆设计形同虚设，使用前必须看清楚接口再对准插入，体积过小、容易丢失	外形轻薄短小，携带方便，不会占用USB接口周围过多的空间	增加了用户的思维负担，没有充分考虑用户的知觉习惯，使得用户需要在一次次的尝试之后获得经验，形成新的记忆习惯。缺乏对用户的知觉引导，应该提供一些信号来引导用户行为，考虑用户操作行动和操作能力	—

续表

产品名称	案例图片	品牌、型号、规格	生产时间	违背通用设计原则	符合设计原则	通用设计原则分析	解决方法或案例
机箱USB接口		先马SAMA	2010年	1.电脑机箱的USB接口经过十年的发展，接口设计仍然非常模式化，大部分都放置在正面或侧面。 2.当接口在机箱正面时，容易碰到插在上面的U盘，造成数据传输中断或损坏U盘	机箱表面的3D图案时尚炫目，外观设计出色	USB接口的问题反映了设计者对于用户实际操作能力，无论是体力能力还是思维能力都没有完全深入地了解。设计者在设计电子产品时应该减少或避免对高难度的能力需要，还应考虑到操作时是否会对用户带来较大的体力和精神负担，尽量顺应操作者的使用习惯和能力范围	1.将USB接口移至机箱的顶部，方便用户接触。 2.可以多加几个USB接口，方便更多有实际需求的用户使用
菜刀		浙江楼龙有限公司	2005年	1.不方便置放 2.不容易切割较硬物体	—	锋利的刀应该考虑安全需求，切硬物时不易操作，增加了用户的心理和生理负担	
液体蚊香加热器		榄菊WQME 125E	2007年	因为液体也是透明的，并且窗口上没有刻度指示警戒点，不易于用户对液体蚊香的加量	1.改善以前的用火点燃蚊香，这个用电较安全。 2.旋转式的增加液体方式，从器物底部旋转卡入，不易掉落	对于液体量没有很多的反馈，增加了用户负担	增加产品的主动性的交流，提醒用户在早上起床时去关闭
电梯		KONE通力电梯	2006年	因为在两扇门关闭时总是没有预警，用户总是战战兢兢，用户和电梯之间没有交流，没有反馈，灯光的闪烁也是一种提醒的方式	—	只是工作做得不足，增加了用户心理负担，让人们对电梯有种畏惧感	用语音提示：门要关了。电梯内按钮按两次可以取消
电扇		—	2009年7月	使用风扇普遍存在的一个问题是风的覆盖范围太小。尽管风扇是摆动的，但是由于运动角度太小所以吹散的区域也比较小	使用操作简单，拆洗方便，符合大众的使用操作习惯	使用者希望可以比较轻松地享受风扇，而不必主动寻找电扇吹出的风	在风扇的扇叶后加上可以横向转动的轴承，增加旋转范围
衣架		—	—	经过洗涤的衣服在传统衣架上晾晒容易变形起皱，需要熨烫	外形模仿人体肩膀的形状，对衣物有一定的固定作用	减少人们对于打理衣物的厌烦情绪	假如增加下摆，可以加强对衣服外形的固定作用从而保持衣形，减少褶皱

续表

产品名称	案例图片	品牌、型号、规格	生产时间	违背通用设计原则	符合设计原则	通用设计原则分析	解决方法或案例
透明文具胶		得力	—	很难找到头在哪里	方便日常生活使用	用指甲来回找，很浪费时间，增加了用户的心理负担	可以做个记号，把多出来的那块自己粘自己上边
公厕门把手		—	—	关的时候由于设计不合理很容易挤到手	多出的设计有很好的隐蔽性	容易挤到手，给用户心理上增加了很多负担	把多余的那一段去掉
强力粘钩		动动手强力铁线小号粘钩0.5kg	—	它们留下的痕迹很难清理	避免钉子钉在墙上而留下破坏的墙面，直接粘，很方便	设计预想不够全面，增加了用户使用困难度	现在的很多吸钩采用吸附式，不会留下痕迹
雨伞		天堂雨伞	2008年9月	手把太短，撑伞时只够两只手指头握住。习惯性地都会将小指和无名指收紧，时间一长，导致小指、无名指劳累过度。而且手把在粗细设计上存在问题，手把有点小	—	给用户增加了负担，有心理压力而排斥它	不能为了美观而舍去舒适感，加长手把长度
平底鞋		—	2007年	在下雨天穿着平底鞋走在马路上，在脚尖落地的那一刻，有少量的水被打到鞋面上沾湿鞋面	—	雨水散在鞋上，下雨天穿平底鞋就很不方便	鞋子是头部设计形式上可以加一个防水向上洒的小小部件，或者是一道小纹路
杯子		—	—	这个杯子的手柄太小，只够两只手指头伸进去，而且两只手指头同时伸进去时会很紧，一只手指头伸进去端杯子很吃力，尤其是满杯子的水时；如果是开水，很容易烫伤手指	—	使用很吃力，增加用户操作困难，也有心理负担	为了美观而没有更多地考虑实用性和安全性，对手柄形状进行更大空间的调整
蜂蜜瓶		蜂蜜果缘	2010年4月10日	—	尖尖的瓶口设计方便倒出液体。瓶口处均有凹陷设计提示可旋转	这款产品的包装设计其一为消费者提供了较为安全的操作过程，其二提供了符合用户知觉经验的信息，减少了用户的思维负荷	—

续表

产品名称	案例图片	品牌、型号、规格	生产时间	违背通用设计原则	符合设计原则	通用设计原则分析	解决方法或案例
凉水壶		OCCSU	—	把手跟壶嘴并不是同一个方向的，因此使用时，当你拿起把手倾斜瓶身的时候并不能顺利地倒出水来，还要微微往内侧倾斜水才会流出来	防止人们在拿起水壶时不小心倾斜了瓶身水就倒出来	它为消费者减少了一些意外情况却增加了使用难度	在凉水瓶瓶身处设计一个警戒水位的标志就可以解决。只要水不是很满，就不容易溢出了
台灯		奥特朗	—	—	可以方便地调整为各个姿势、高度、角度等。为使用者提供最好的光源	这款台灯的设计有较强的适应性。体现了以人为本的理念，且操作简单、方便，减少了用户的感知、知觉和思维负荷	—
鞋架		—	—	对于没有玄关的家庭鞋架比较占地方，同时使用率并不高	有效地分隔各类鞋子的放置区域	节约用户的空间，可以使其对这样的产品产生信赖感	利用鞋子本身形体所产生的空间进行设计，头对尾，尾对头
贴式挂钩		—	—	墙壁上的贴式挂钩，钩面宽度仅15mm，而一款普通小型耳机宽度约为20mm，若将耳机挂于挂钩之上，易滑落，造成耳机损坏		造成用户对物品能否安全置放的质疑	可将挂钩的纵深增加，以预留较大的位置，用于悬挂较宽的物件
文具收纳架		—	—	由于收纳架的宽度为150mm，与普通水笔的长度差不多，而荧光笔长度仅为120mm，若非紧靠使之塞满空档，易横置在收纳架底部难以取出，或斜置难以保持垂直放置，而像夹子、橡皮等本身长宽就略小的物品更难以取出		给使用者造成麻烦，增加动作负荷，操作过程复杂，且使用户在心理上产生抵触情绪，从而尽量避免使用该产品	1.将夹层通到底，防止文具斜着滑落或在三个夹层中移动。 2.可移动式夹层，可调整三层的间距，根据文具的宽度任意调整
夹子		—	—	用于窗帘固定的夹子，由于横杆与夹子均为铁质，故在滑动时会产生刺耳的摩擦声		严重影响用户的听觉感受，从心理上易造成用户的厌恶情绪的产生，造成用户触觉体验上的困扰	可采用其他材料以避免噪声的产生，如选用塑料或木质
两用式梳子		—	—	展开时可一头梳刘海，一头梳长发，而合并时较节约空间。但在使用过程中，握持的手柄会给手指带来轻微的刺痛感		—	折叠的两侧，一边为梳面，一边为开口的盒形，可将梳面折叠收纳到一边，且盒形可设计成流线型

5.2.2 整理通用设计的基本要素

此阶段工作分两种方法，第一是通过书面调研可以获得类似产品的相关信息；第二是实地考察，也就是通过把握用户特性、使用目的、使用环境以及使用状况。可以采用“问卷调查法”、“焦点小组访谈法”等，针对高龄者、残障人士以及产品的初用人群、专业人群展开调研。

1）书面调查根据市面上已有的相关产品进行归类和分析，如表5-7所示。

市场现有篮篱剪分析　　　　表5-7

类型	典型图例	品牌、型号	设计亮点	不足
整篱剪		上海沃施	不锈钢刀头，刀头可以手动调节。颜色亮丽，便于找到。 质量：976g	剪刀质量太重， 使用时间长了很累
		台湾西玛 A0063	碳钢刀头，特殊热处理，铝合金管柄，手柄弯形设计，减少手臂用力。 质量：860g	手柄与刀头角度太小，不利于剪稍低处的枝芽
		台湾西玛 A0066	不锈钢刀头，铝合金管柄，质量轻，非常适合老年人使用。 质量：895g	手柄不能收缩，长度固定，太短
		美国 SELLERY 66～167号	波浪形整篱剪，表面特富龙防锈弯头设计。 质量：1210g	体积太大，太笨重，携带不方便
		韩国 佐川吉 波浪刀刃 1019号	伸缩性手柄，加强型铝柄波浪剪，使用更为结实和高档的防冲击垫，加料不加价。 质量：1150g	直头，手柄与剪刀头处于直线距离，剪刀太沉重
		台湾 LB	伸缩性手柄，外表美观大方。 质量：960g	直头，手柄与剪刀头处于直线距离
		XY-2020	碳钢分体式刀片，喷特富龙，抛光或发黑，可调节式螺母，椭圆形钢管手柄喷漆带减振珠，PVC握套。 质量：1140g	手柄颜色设计成绿色，如果掉在草丛中会很难找到
		艾威博尔	采用65号锰钢剪片淬火处理制造，剪切力强，表面特富龙处理，耐磨耐腐蚀，刃口波浪形设计，使用更省力，防滑双色橡塑手柄，手感更舒适。 质量：1150g	剪刀附加其他功能，使得操作过程变得复杂

续表

类型	典型图例	品牌、型号	设计亮点	不足
整篱剪		SK110 园林剪	有10寸和12寸两种规格的剪头。用50号钢，钢管柄外表喷塑套，手感好，美观大方。 质量：1215g	手柄为金属材质，长期使用手会很酸
		易尔拓YATO YT-8821	波浪形刀口，修剪时不容易滑动，使修剪更轻松	把手旋转方向标示不明确
		泰森	手柄设计十分合理，使用时十分舒服	外形不够美观，太重，容易生锈
		上海沃施	自由活动螺栓设计，外形美观	—
		日本/爱丽斯 ARS K-1100	高碳素刃钢，特殊表面处理，为专业修剪工作而设计，适用于大量修剪，又可进行细致的修剪，经过高温淬火硬处理，延长使用寿命。把柄设计符合人体工程学的防滑功能，握感舒适。锻造制作。防锈。 质量：835g	直头，手柄与剪刀头处于直线距离

通过上述调研和分析，课题小组选择了其中一款产品作为原型展开通用设计改良任务，如图 5-23 所示。

2）使用群体、使用现状、使用环境以及使用目的调研：

首次调研以访谈形式展开，分为一般用户访谈与专业用户访谈两个部分。设计团队提前准备好访谈问题展开工作。

一般用户选取了 12 位访谈者，具体信息如表 5-8 所示。

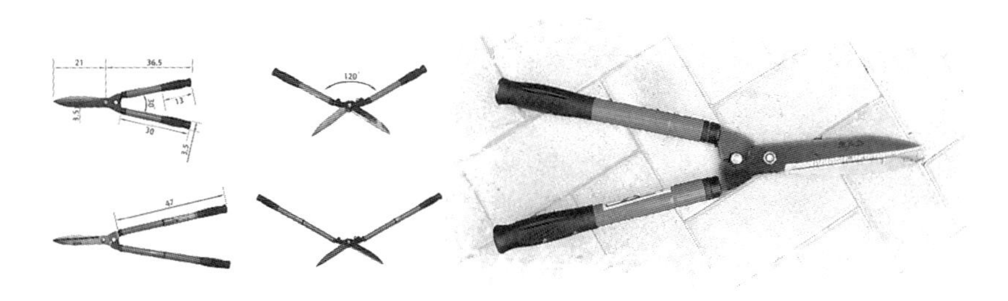

图5-23
德之力品牌整篱剪分析

一般用户访谈信息 **表5-8**

饭店老板	龙心清闲阿姨	小孩阿姨	园艺师	肉店老板	盆景店老板
价格50～70元，因为看上去感觉质量还很高级	最好不要超过30元	自己家有少量植物，使用的是普通刀	价格不知，公司统一购买	没有使用过	用过，主要针对大型盆景，每次进来货都要用
自己家没有植物就不需要，以前在物业公司用过	自己家有植物，并且是使用剪刀	她认为不需要这么大的，小的也剪得很快	不好用，就向上面反映	因为家里是儿子在使用	工作时一般戴手套，和价格相比更看重质量和功能
购买时使用的舒适性、剪刀质量强于价格			不需要加长的功能		
喜欢使用红色、橙色	鲜艳一点的颜色	很好用，很满意这把剪刀			不喜欢把手是鲜艳的颜色，一年更换一次
果农1	**花店老板**	**烟酒店老板**	**果农2**	**五金店老板**	**杂货店老板**
使用过，没结果实的时候每天使用	没有，花枝比较细	没有用过，因为家里没有植物	用过，使用的是纯金属的，觉得很重	纯黑色，纯金属可以转	用过，剪茶树
时间长了手会痛	一般用家庭剪刀	有找不到的时候	用时间长了手臂会酸	但是松紧不合适，不好转，转的方向也不对	不觉得重，用起来很舒服
更注重价格和质量，使用时戴着手套			喜欢把手是皮质的、绿色的	木头把手不好，用两天就松动了	不会找不到，红色把手
不会找不到把手，喜欢黑色塑胶，四五年换一次			手划破过，因为太锋利，不戴手套		两三年更换一次

专家用户访谈对象为杭州植物园生产部资深园林修剪师李师傅。下面是对李师傅进行访谈的详细内容：

时间：2014年9月14日13:00

地点：杭州植物园灵峰探梅生产部办公室

访谈对象：杭州植物园灵峰探梅生产部资深园林修剪师李师傅

访问人员：王安琪、欧阳霜平、郑剑敏

设计师：李师傅，您好！请问您从事这个职业多少年了?

李师傅：得有十七八年了吧。

设计师：你们平时用的整篱剪都有哪些品牌，你们比较青睐于哪种品牌?

李师傅：国外的做得比较好的有瑞士的FELCO、美国的史乐力和波兰的易尔拓，大陆的话这方面没有什么很好的品牌，比较好点的话就是张小泉，还有中国台湾的LB。

李师傅：这就是张小泉的剪子，不过坏掉了。

设计师：平时您在选购的时候考虑得比较多的是哪些因素?

李师傅：我们都是公司采购部门统一选购的，可能价格和性能考虑得多一些。

设计师：你们大概多久换一次剪刀？使用的频率高吗？

李师傅：我们的剪刀用钝了以后自己用磨砂石打磨锋利之后再继续用，每年春夏使用频繁，每天 8 个小时的工作量，而冬季较少，冬季工人主要是看书学习。

设计师：您在使用整篱剪的时候感到有什么不便吗？或是觉得产品有什么需要改进的地方？

李师傅：这个款式比较老一点，它的把手全部采用一种材质而且表面比较光滑、没有纹理，用起来的时候会打滑，握的时间长了就会握不紧。它的刀刃表面设计成有锯齿的,但是使用起来和无锯齿的相比，没有什么区别。剪刀把手和刀刃部分角度差距过小,相当于直上直下的，剪高处和低处的枝叶时就会不方便。你看这款新的剪刀，这些方面做得就比较好，但是我觉得剪刀做得太重了，毕竟我们这个工作是需要长时间做的，太重了的话十分消耗体力。如果能做得轻一点，我想使用起来会更加得心应手。还有，两个刀刃之间的螺栓很容易松动，我们经常要手动调节，如果螺栓松动没有及时调节的话剪刀就会发钝。

设计师：那在外观和材料方面，你有没有什么好的建议？

李师傅：外观的话，剪刀把手的颜色最好可以亮一点，因为我们平时休息的时候，把剪刀随手放在一边，再找时有时候就会找不到。颜色醒目一点就以方便我们找到剪子。材料方面嘛，现在的剪刀把手一般都是采用硬塑料，握的时间长了手会很酸很痛，如果把手可以换成软一点的材料，握起来就会比较舒服。

设计师：我看这个把手是可以伸缩的，用起来是不是很方便啊？

李师傅：伸缩的当然是比不伸缩的方便，但是这个把手伸缩的方向标注得很不明显，刚开始使用的时候，每次都要左右转一下，感觉一下，才知道是往哪个方向转，而且这个操作起来是两只手同时转把手，这个设计的两个把手同时往里面转，转的时候就感觉很不方便。

设计师：这个剪刀有没有存在安全隐患的地方？平时用起来要很小心吧？

李师傅：用起来的时候还好，只是不用的时候放在架子上，会给人恐惧感，因为这个大剪子没有套子，如果能加个套子就很好了。

设计师：如果市场上有什么设计比较新的整篱剪产品出现，您会不会有兴趣去购买和尝试？

李师傅：会啊，如果价格可以接受的话，新产品当然好了，有创新才有进步。

设计师：谢谢您。

通过访谈发现下面一些问题：

（1）使用这类剪刀的用户中，专业园林工人和马路绿化带的修剪工人占了很大的比例。这些人的工作地点都在户外，经常遇到不好的天气，刀具经常日晒雨淋，容易生锈、变钝，需要经常打磨。

（2）一般的非经验用户，工作时间相对比较短，大概为一个小时，工作量小、身体能量负荷小，大多数使用的剪刀是自己购买的，他们的使用环境相对较好。

（3）年龄较大的园艺师傅对颜色以及外观等方面没有太多的追求；而一般的家庭用户，不是一味地追求工作效率，而是在享受这种过程，会比较关注产品颜色和把手造型等审美情趣问题。

（4）经常在户外工作的专业师傅，一般都随身携带较多的工具，会考虑剪刀的重量，来减轻长时间工作带来的身体负荷；他们所用的剪刀较大，不能折叠，不易携带；在移动过程中没有刀头保护套，存在安全隐患；他们一天的工作量较大，并且会有各种修剪要求，比如修剪出特殊形状的枝条，需要使用多功能的剪刀来尽量提高工作效率。

（5）由于设计缺陷，用户对工具认知存在障碍，即便是经验丰富的专业人员王师傅也才在访谈时惊讶地发现：呀，原来还有这个功能，原来这里有标识。而且通常都认为工具是消耗品，并没有特别爱惜、保养。

部分问题的总结如图 5-24 所示。

图5-24
部分调研问题结论图

您平均每次持续使用多长时间?
A.1h之内　B.1~3h
C.3~5h　D.5h以上

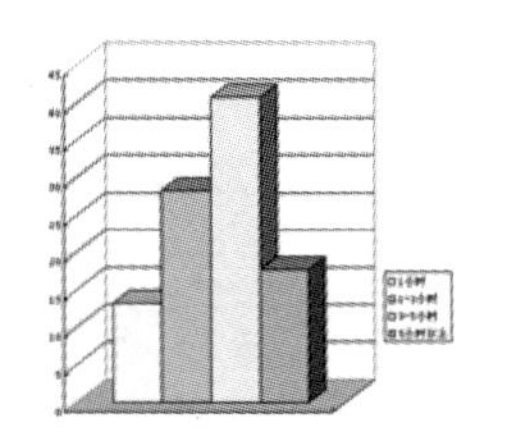

您一般在什么环境下使用园林剪刀?
A.马路绿化带　B.家庭　C.公司
D.学校　E.专业园林区

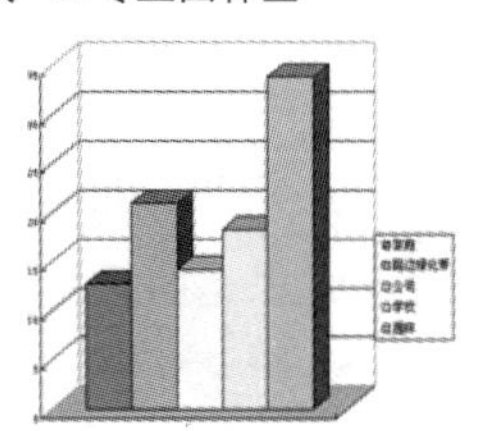

您在使用剪刀时有哪些动作难以完成?
A.剪高枝　B.剪侧面枝条
C.修剪出特殊形状

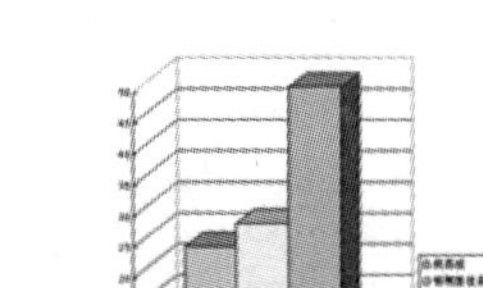

您是否在意把手的颜色?
A.在乎　B.不在乎
C.还可以

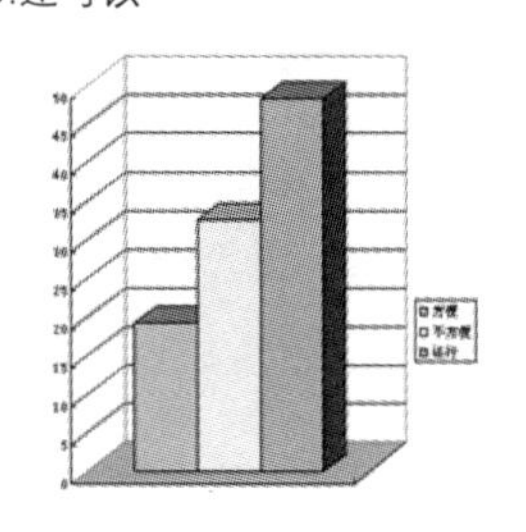

您使用的剪刀携带方便吗?
A.方便　B.不方便
C.还可以

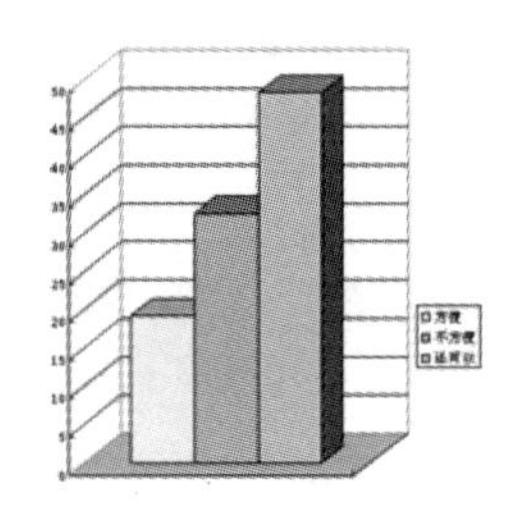

您倾向于使用单一功能还是多功能的园艺剪刀?
A.功能单一但操作简单　B.多功能但操作复杂

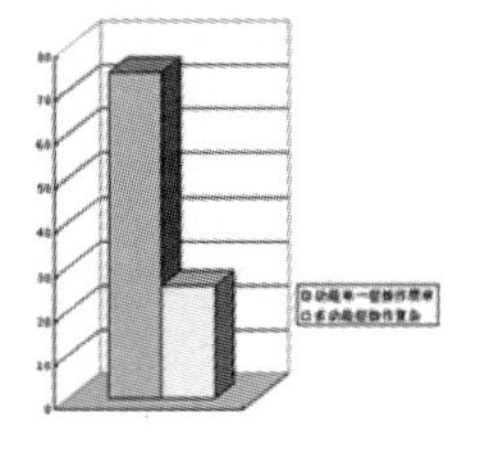

通过上述调研结论可以整理出本次课题适用的通用设计要素。

从操作性上分析：

（1）平等使用原则：本次案例最终的目标用户群体为专业的园林修剪工人，因此可以排除儿童等用户。但是必须考虑到的有年纪较大存在职业损伤的、认知能力有限的、左右手都可方便操作的原则。

（2）弹性使用：考虑到需要修剪灌木丛、高空作业、特殊形态修剪等要求，因此需要纳入在不同尺度操作空间均可方便使用、可选择更换刀头等原则。

（3）简单性和直觉性的设计：考虑到大多数园林工人是没有太多文化教育背景的，其对标识、说明书的认知能力有限，因此在结构转换与使用方式说明上要纳入简单易懂、无须太多文字说明、凭直觉可以简单使用的结构设计和操作指示。

（4）感觉清晰的设计：因为本项工作不会有特殊的群体参与，比如视障者、肢残者，因此在上述第三原则有力执行的前提下不需要介入各种感官都可以清晰地接受设计信息的原则，本案例可以忽略此项原则。

（5）对错误的承受度：因为园艺修剪工作没有太精确与明确的指标体系，因此对于操作错误结果具有较高的容错性，所以可以忽略本项原则。

（6）少用力：这是本案比较重要的原则。前面调研中特别强调一方面园林工人一天需要修剪的任务种类繁多，另一方面需要移动展开工作。因此，一方面，在携带上要考虑节省体力；另一方面，在单项任务操作时尽可能地减少体力消耗是非常关键的指导原则。

（7）尺寸和空间适合使用：修剪工作的环境比较复杂，有时在狭窄的灌木丛、有时在高处的大树枝丫、有时在大太阳天气、有时在寒冬雨雪天气，因此要考虑到这些众多因素，运用此项原则展开合理的设计。

5.2.3 根据通用设计要素明确用户需求

该阶段基于上述针对本案整理的通用设计要素，结合现有同类产品问题的分析、用户建议，采用“行动观察记录法”对目标用户群体的需求进行深入分析，找寻用户在使用过程中达成率低的原因、分析任务操作存在的问题点、明确用户要求。以专业用户王师傅为观察对象，进行任务操作分析。图 5-25 所示为修剪绿化带以及特殊形状树枝任务视频截取图；表 5-9 所示为王师傅任务操作视频分析与思维回顾记录。

图5-25
专业用户任务操作片段

任务操作视频分析与思维回顾记录　　表5-9

视频分解	图解	动作目的	使用问题	使用者思维过程	问题分析	问题解决探究
步骤一		修剪平整绿化带	拿到该产品后第一个反应就是打开剪草，从没想过先看说明指导	对家用剪刀的经验认知，基本按照家用剪刀的使用方法来用	对熟悉产品的一个正常的转换思考	增加说明书的指导作用
步骤二		修剪平整绿化带	一开始没有意识到工具具有可伸缩功能，使用一段时间后经过工友解释才知道	与日常使用的家用剪刀极为相似，不会顾及说明书	图标位于反手的位置，颜色暗淡，并用日文标注，很少有人能够理解，图示也不明显，不容易看清	调整说明书的位置与色彩对比，增加使用者的视觉注意
步骤三		找到剪刀手柄伸缩的地方	在告知试用者手柄可以打开的前提下，仍不知所措	应该在剪刀的某个地方有提示，拿剪刀在手中转了几圈看仔细一点	伸长的接口在顶部，两部分的材质、颜色都相同，并没有明显的提示，增加了人们的思维负担	通过颜色、材质对比来达到一个正确的暗示引导作用
步骤四		完成剪刀手柄的伸缩	标示指示出使用时的旋转方向，使人更加难以明白其可以伸长	旋转可以拉长，先往一边转，不行再往另外一边就行了	人对于醒目物体的视觉聚焦。没有标识引导使用的顺序，增加了人们的记忆负荷	剪刀杆上应该粘贴提示语，且颜色要相对醒目，因为人第一眼看的是产品颜色，其次才是形状、性能
步骤五		阅读说明书	说明书颜色过于隐晦，图标设计不清，且为日文标注	看看说明书应该会明白，反手后找到却发现是日文，看不懂且图标处是关于注意事项	当对一个新产品不懂的时候第一个条件反应就是看说明书	加强说明图标的颜色对比，能够引起试用者的视觉关注
步骤六		修剪绿化带边缘等地方	螺栓很松，用的时候一手靠前，一手靠后	也许这种松紧度就是合适的吧！这样剪也能很好地修理	一般都是大致上紧即可，但是松了就会越来越松，从而脱落。增大使用时的力度，又会变得费力	将螺栓做成可手动调节松紧的大螺母，目前也有案例，考虑借鉴案例作进一步的改进

续表

视频分解	图解	动作目的	使用问题	使用者思维过程	问题分析	问题解决探究
步骤七		修剪圆形的树木	对于非经验用法，反手来修建的方式就不被认知到	正手用着很清楚，反手的话相对就会挡道视线的，怎么可能反手采用呢	带角度的时候多数人想到的是为了减少弯腰的幅度，没有想到的是为了造型，需要一定的经验与思维过程，增加思维负担	用直观的图示解释来告诉使用者，该怎么使用，在这种情况下就要这样
步骤八		修剪较粗的枝条	刀口底部有个缺口，通过询问80%的人都知道存在的原因以及使用方式，但一开始并没有发现	较粗的放在刀口根部修剪，但是为了张开角度小点，不会完全张开	手臂张开越大时间就越长，浪费了时间，缺口又放在下面，对于第一次使用的人来说不会想到注意那种地方，增加思维过程与注意事项	将缺口放在上面的剪刀片上，并将位置适当上移

针对上述任务分析可以得出进一步的结论：

（1）说明书语言生涩，拿到该产品后从没想过看说明指导；

（2）操作结构标识不明显、伸长接口处材料选择的一致性也造成了对功能的理解度不够，因此对产品的部分功能认知不够直观和明确；

（3）螺栓的松紧度不合适的，需要自行调节，但是调节比较费力，很不方便；

（4）设计有正反使用功能，为了不同修剪任务而设计，但需要一定的使用经验；

（5）某些使用细节标识位置不合理，忽略了重要信息可视性的原则。

5.2.4 寻找产品概念、提出解决问题的方案

（1）找出问题点：在上一阶段明确用户需求时执行的“行动观察记录法”表格记录中应已发现多个问题点。整理这些问题点，将问题点根据重要度排名，从中得出设计定位，如表 5-10 所示。

（2）设计展开：根据前一阶段问题点的整理和设计调查展开设计，提出改善方案。该阶段需要进一步明确设计 5W1H 产品定位、产品的使用环境、具体对象、操作的时间、使用目的以及具体的操作方式和流程。在明确设计要素时，可以使用情景设计（scenario based design）的思考方式，根据使用场景的想象来提炼产品的使用过程。在思考 5W1H 的基础上，继续丰富细节上的设定，比如想象用户一天的日常生活，对出现问题的反应，假设某事件的发生状况。通过这种故事性的情景设计可以帮助设计以用户的角度，丰富产品的细节设计，确定完整的产品服务系统。如图 5-26 所示为产品概念提案；图 5-27

问题记录与设计定位　　表5-10

通用设计指导原则	用户分析	近似图示或案侧（相对应产品位置图片）	设计提炼
价值观念	公司统一购买，不会关心价格问题		采用65号锰钢剪片淬火处理制造，剪切力强，表面特富龙处理，耐磨耐腐蚀
	消耗品，不在乎品牌		
	质量第一		
审美观念	比较在意颜色、把手的整体造型		碳钢刀头，特殊热处理，铝合金管柄，手柄弯形设计，减少手臂用力
	在乎剪刀材质		
使用需求	追求工作效率，长时间的工作。公司在选购时，更多地会考虑剪刀的质量，来减轻长时间工作带来的身体负荷		铝合金管柄，质量轻，非常适合老年人使用
	使用者一般年龄较大，体力较差		
习惯	长时间工作，随身携带		体积较小，较轻便，颜色醒目，容易找
	休息时放在草丛边		
条件	年纪较大，新事物接受能力差		功能单一，把手不能收缩，降低用户操作要求
	经济条件一般		
记忆负荷	尽可能减少操作的过程，以减少记忆的负担，像是在伸长把手时的旋转方向就应该有明确的标示		明显的标示，颜色醒目
思维	探索思维，减少需要人为探知的部分，对于新增加的地方有很好的说明是至关重要的，相对于传统把手，这种把手的使用方式需要太多的探索		跳出思维的框框，只要老百姓喜欢，我们可以印上京剧脸谱、民间艺术图画，甚至卡通等
	经验思维对于已有经验则是尽可能地不予更改，让人们能够保持传统的习惯性思维		
	情感思维更偏向于感性的东西，让人们愉快地思维与沉默地思考对人们的心情影响相当大，对于大脑的思维也是不同的刺激，因此使用的材料、颜色等都应该给人以清新、愉快的感觉		

续表

通用设计指导原则	用户分析	近似图示或案侧（相对应产品位置图片）	设计提炼
操作理解	经验理解多是依靠自己常年的经验来理解各个部分的功能以及使用方法		详细的说明，将各个部分的使用功能标注明确
	感知理解对于非经验用户多是利用感性的理解或者说查看使用说明来理解使用方法，这就需要将各个部分的功能与使用标注得相当明确才行	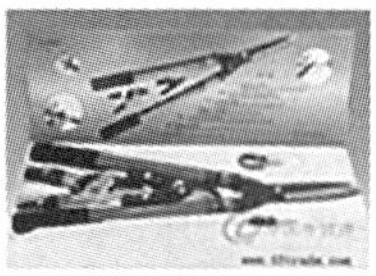	
图标识别	设计产品是为了让一部分人群使用的，我们应该使用这部分人能够理解的文字、图示标注每一部分的功能及使用方法，对于使用注意事项也应该用大而简洁、清新明朗、清楚的图示与文字标示出来		简洁明了的图标，强烈的颜色对比
注意	手柄颜色为橘红色，调查发现，大部分用户表示“颜色还可以”，且比较醒目，能在较多的同类产品中跳出来，吸引人的注意	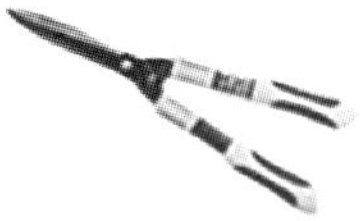	黄、橘红色等比较鲜艳的颜色，可以让产品“跳”出来
可识别性	总的来讲，造型还算简洁，且与一般家庭用剪形状类似，所以大多数新手用户也能在第一眼知道它的大概用途		在造型上可以借鉴一般家庭用剪的传统造型，让用户第一眼就知道其用途
区别性	造型比较有特点，与一般剪刀类似，但却又有别于一般剪刀，特别是同种类的其他类型园林剪		另外，还可以在造型上有些变化，又不与传统剪刀完全类似，主要突出其功能
经验期待	一般的家庭用户和专业用户能在第一次用时就比较准确，知道其用途并且知道其用法。但很少有用户知道手柄还能伸缩这一功能		伸缩功能要设计得明确些，在伸缩处和其他地方加以区分，给用户一个功能引导
知觉预料与期待	手柄可伸缩设计比较隐晦，颜色、材质与其他地方无异，且无明显提示，导致很多专业用户都没有预料到手柄还可以有伸缩这一功能		手柄伸缩处的材质、颜色或造型上跟其他地方加以区别，让用户知道伸缩功能并且知道使用
产品行为状态和行为过程	此产品属于实体性操作，产品行为状态和行为过程透明，能及时给用户以反馈		此产品属于实体性操作，产品行为状态和行为过程透明，能及时给用户以反馈

图5–26
方案草图

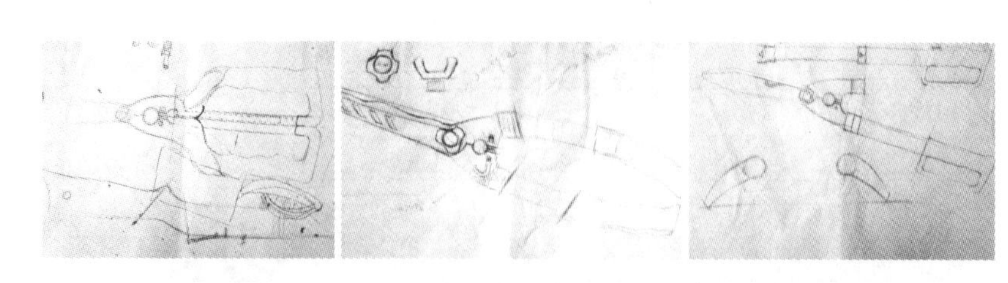

图5–27
把手草模

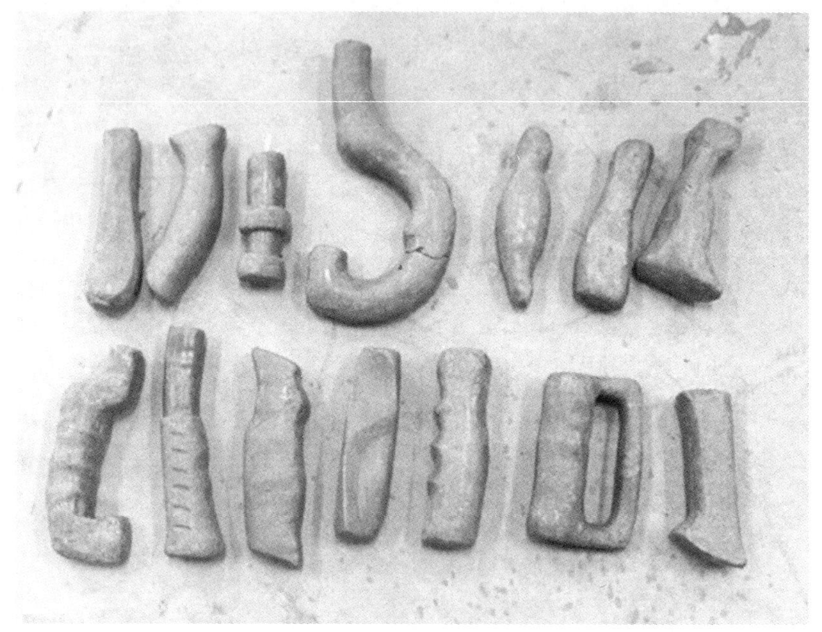

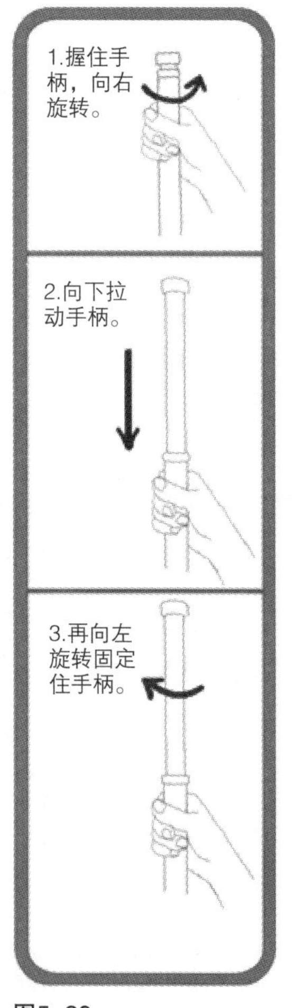

图5–28
可简易伸缩把手设计概念

所示为以“让用户使用得更舒适”为设计目标，对扶手的形状、材质等进行一系列的探讨草模；图 5–28 所示为可简易伸缩把手设计概念。

5.2.5 方案验证，通用设计评价

通过制作评价专用的原型、试用品，进行用户评价。此阶段的目的是发现设计方案的问题点，明确方案改善的方向。也可继续采用访谈与问卷调查的形式结合用户使用观察与记录展开，然后整理分析评价数据，改善设计方案。该评价可以反复适用于其他各阶段。具体步骤如下。

1. 规划评价试验

（1）选定被试验者，根据设计所设定的用户群体选择被试验者类型和人数。

（2）明确通用设计评价要素：包括试验目标、评价测试时间、主题、内容。

（3）探讨试验主题、情景设置、试验实施的操作内容：就是分析用户从准备到结束，顺利完成产品操作的每个行为动作、姿势、使用顺序及详细步骤。目的是了解使用者的需求与产品机能之间的吻合度。

（4）通用设计评价试验准备：通过使用者操作及行为的直接观察，找出问题点，明确改善项目。评价试验阶段需要进行人员分工：记录人员，被试验者言行观察人员等，摄像、拍摄人员；需要准备的材料、工具：相机、摄像机之类可记录调查群体行为的设备，以及评价试验的道具。需要决定试验目的和方法、操作内容、操作顺序等。

表 5-11 所示为对工具把手进行试用评价。

把手草模试用评价　　表5-11

模型图片	用户体验	用户评价打分	评估分析
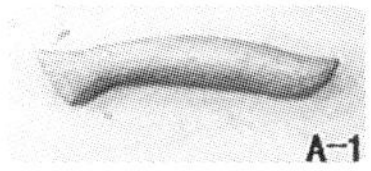 A-1		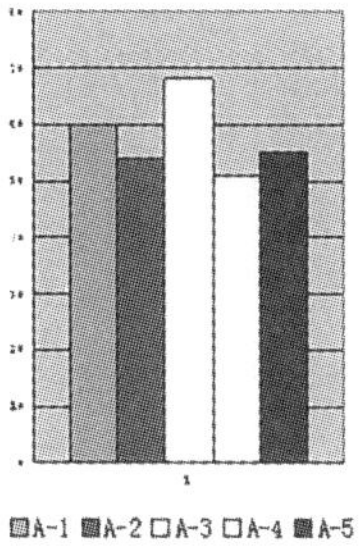 A-1 A-2 A-3 A-4 A-5	手感不错，但表面过于光滑
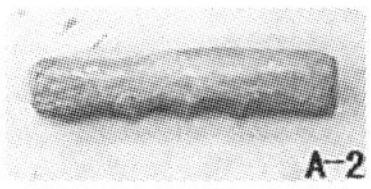 A-2	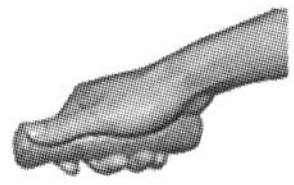		—
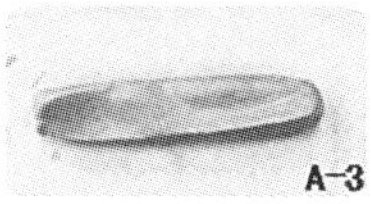 A-3	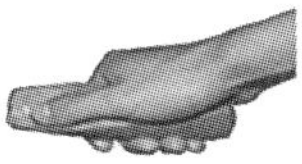		半弧切面的设计吻合手的曲线，手感好
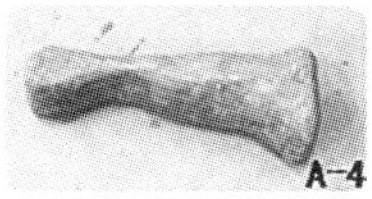 A-4	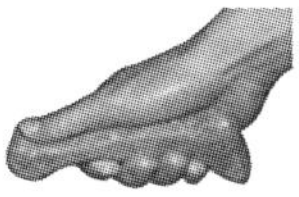		—
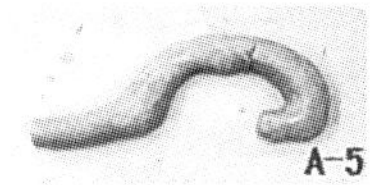 A-5			块头太大，不方便携带
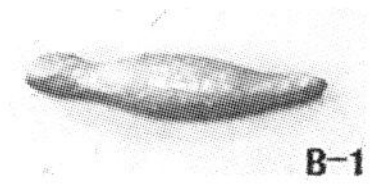 B-1	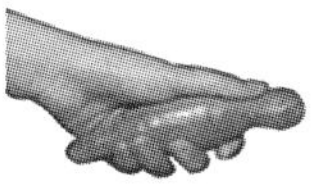	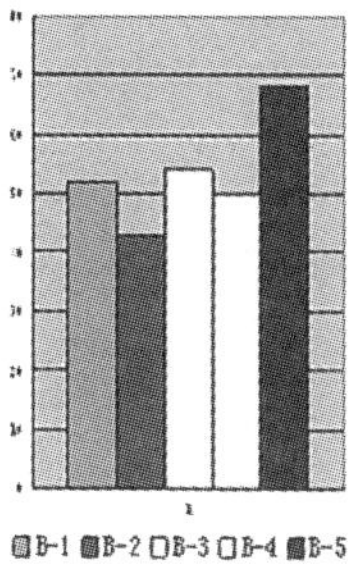 B-1 B-2 B-3 B-4 B-5	造型可爱，贴合手部形态
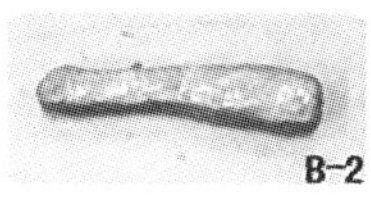 B-2	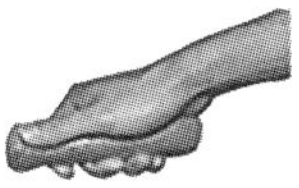		外形不够美观，不吸引人
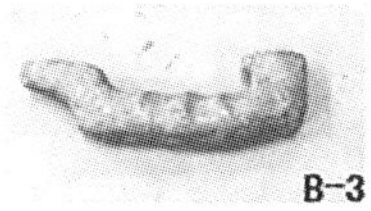 B-3			类似剪刀柄的外形容易造成使用误导
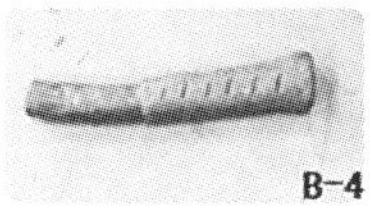 B-4	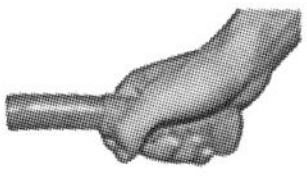		弯曲手柄设计可以更省力
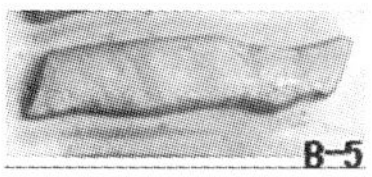 B-5			方形曲面，厚实舒适

2. 试验原型改进

选择第一次模型中认可度比较高的原型再次进行改进并将其与剪刀头部分连接，可以对模型进行更精确的用户评价试验。图 5–29 所示为二次原型改进与制作过程；图 5–30 所示为二次原型成品。

3. 原型评价试验实施

根据上述制作的原型进行评价试验的流程为：

（1）确认被试验者的个人信息（年龄、性别、身高、工作、健康状况、操作经验、使用频率等）;向被试验者介绍各设计方案原型、模型的特点，试验操作流程。

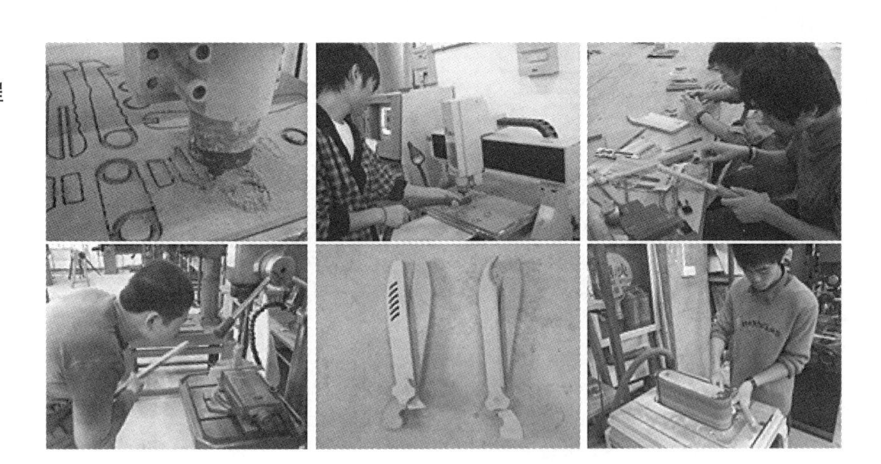
图5–29
二次原型改进与制作过程

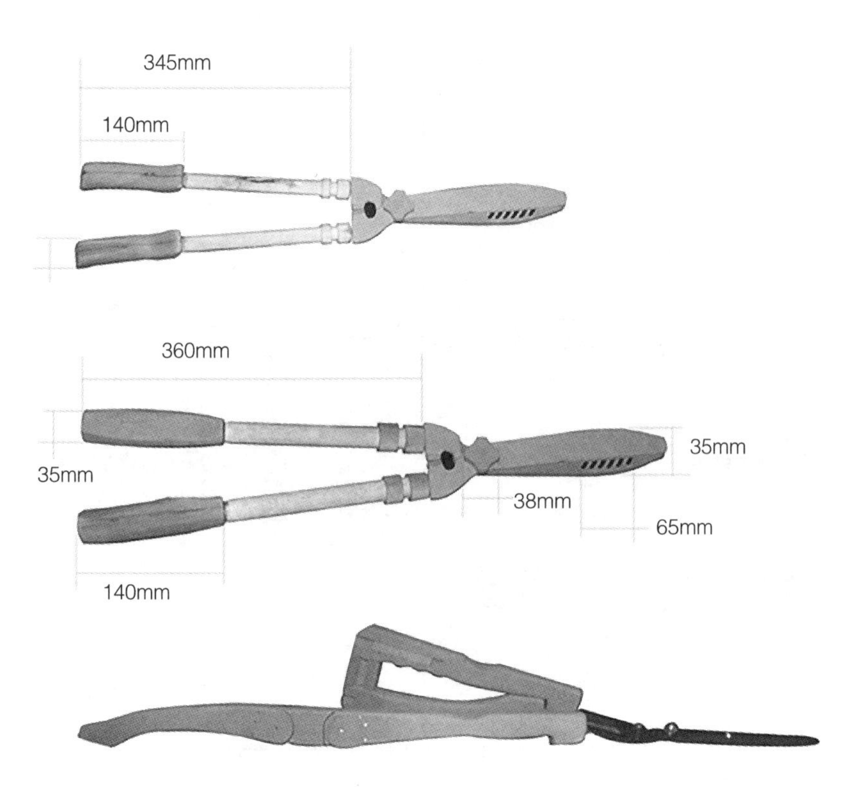

图5–30
二次原型成品

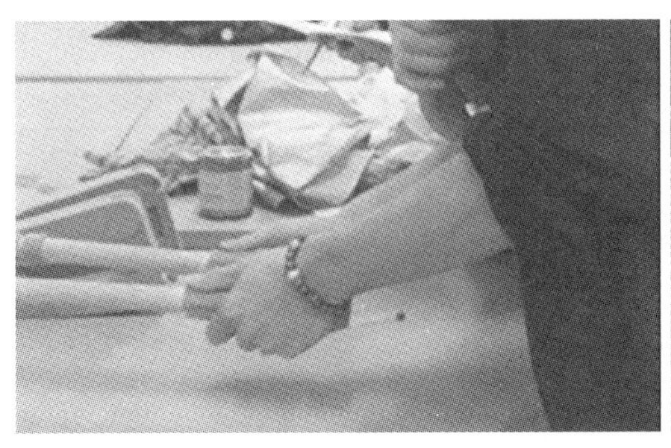

图5-31
园艺整篱剪通用设计评价实验

（2）被试验者操作样品：待被试验者充分理解试验内容和操作流程后，开始试验。注意操作时间的控制，务必在有效的时间内完成操作。

（3）观察记录：把握问题点最为正确及有效的方式莫过于面对用户，在实际使用场景作直接观察。前提当然也是要保持一种日常学会观察的习惯。找到问题点的阶段是做通用设计非常关键的一步。此阶段要注意观察被试验者的行为，记录下操作过程中的问题，同时用摄像机录下整个过程，以便反复观察，寻找遗漏点。

图 5-31 所示是园艺整篱剪的通用设计评价试验场景。被试验者为不同年龄、不同性别、不同身体状况的普通人和园艺工人，对样品进行设计评价试验。

4. 数据分析

对操作记录中收集到的数据进行分析和主观评价。数据分析采用定性和定量的方式。定量数据主要测试被试验者完整操作的时间、局部操作的时间、误操作的次数等，然后对被试验者作问卷调查，让被试验者在试验完成后自由发话，谈试验后对各个方案的感想和意见；定性数据分析主要通过对被试验者进行访谈，观察被试验者说话的内容、行动的样子、了解发生状况的原因，获取试验中遗漏的信息。从这些大量的信息中发现问题并进行分析。表 5-12 所示为园艺整篱剪二次原型试验评价；表 5-13 所示为园艺整篱剪两个原型的用户评价分值统计以及改进建议。

园艺整篱剪二次原型试验评价分析　　表5-12

产品构造部位	通用设计指导原则	图片	优化成果
把手	使用需求	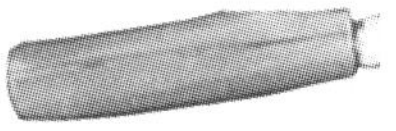	
刀头	使用需求		
伸长接口	操作理解	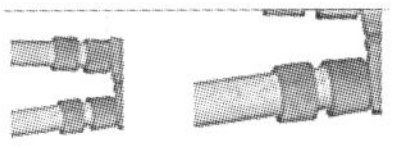	

续表

产品构造部位	通用设计指导原则	图片	优化成果
标示1	识别性 思维		
标示2	记忆负荷引导性		
螺栓	使用需求， 经验期待	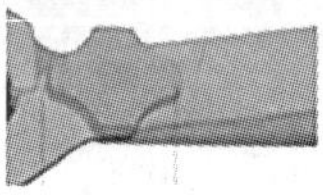	
把手	使用需求		使用者使用更为舒适，且能以最好的状态进行工作
刀头	使用需求	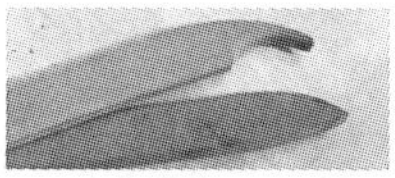	能够让剪刀剪粗的枝条而不会发生滑脱现象
折叠部分	安全需求		将剪刀折叠起来能够确保携带时的安全性，并且携带方便
卡扣	使用需求， 安全需求		合起来后剪刀头不会因为重力的原因而自己打开

园艺整篱剪两个原型的用户评价分值统计及改进建议　　表5-13

整篱剪模型——试验评估测试

问卷问题	 A	 B	 C	调查结果分析与改进
1.您觉得造型美观么?	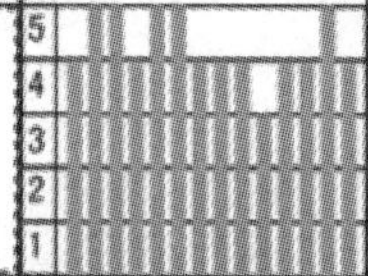 5 4 3 2 1	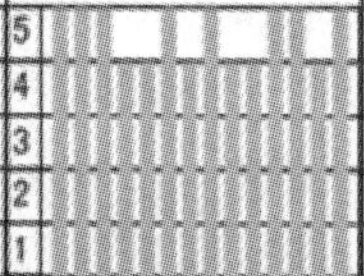 5 4 3 2 1	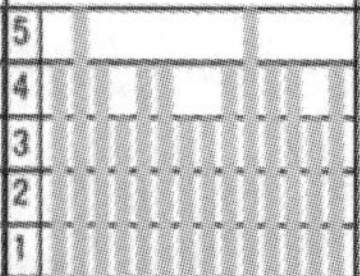 5 4 3 2 1	设计这三款剪刀的时候，在考虑了舒适度的基础上，也很注重外形的考虑。A、B款比较简洁大方，简约美观，C款剪刀厚重沉稳
2.您第一眼看到这把剪刀的时候就知道如何使用么?	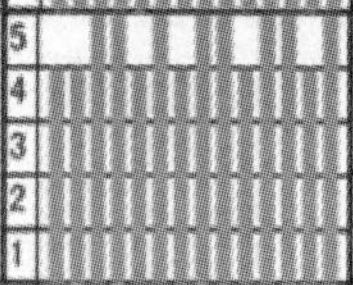 5 4 3 2 1	 5 4 3 2 1	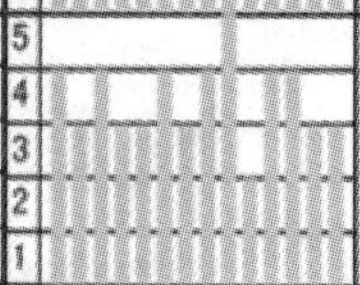 5 4 3 2 1	A、B两款剪刀外形比较传统保守，让人看起来有亲近感、而C款剪刀在外形和使用方式上作了较大革新，让人看起来有陌生感，在感知方面使用户第一时间里不知道该如何下手，故C款应该设计得更有亲和力，或将折叠的方式透明化，强化感官效果
3.握在手里感觉舒服么? 不舒服的话是在手的哪个部位不舒服?	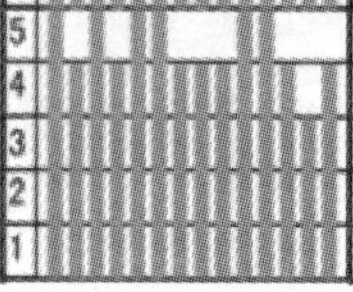 5 4 3 2 1	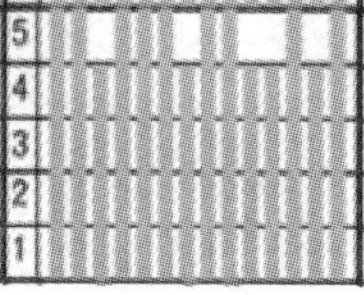 5 4 3 2 1	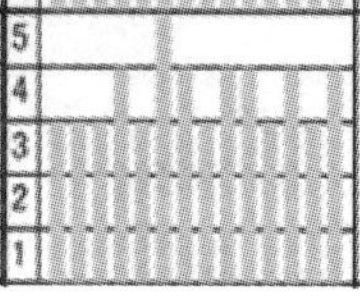 5 4 3 2 1	A、B两款剪刀比较重视把手的舒适性，严格地按照人机工程学来设计，使用户的手掌可以很好地与把手贴合，容易用力；C款剪刀在舒适性上考虑欠缺，设计得过于笨重，会使手掌容易感到疲劳

续表

问卷问题	A	B	C	调查结果分析与改进
4.您觉得折叠功能有必要么？				少部分人觉得十分有必要，调查对象中这类人多为年轻人，他们对新奇事物比较感兴趣、大部分人持无所谓的态度、少部分人认为没有必要。增加了能力要求，外形笨重
5.您觉得操作起来困难么？				B类剪刀被认为是操作最简单、最易懂的一款，舒适的把手很适用于长时间劳作、其次是A款剪刀。而C款剪刀操作过程比较烦锁，虽然可以更容易地提起剪刀，剪枝时利用短把可以避免枝叶划到手，但是还是过于笨重，难以操作
6.您觉得伸缩必要么？				实验者认为伸缩功能比折叠功能更为重要，伸缩功能也是比较传统的一种加长方式，而折叠功能比较新颖，且C款剪刀还未设计完善，一时可能还没有为更多人接受
7.是否觉得调节按钮大小合适？			无调节按钮	调节按钮大多数实验者都觉得很舒服、很满意，但是根据手指的粗细长短不同，少数人觉得不够舒服，在边缘处理和材质上甚至尺寸上需要有所改进
8.您在使用的时候会觉得累么？				A、B两款剪刀质量较轻，且把手舒适度好，尤其是B款，很适合长时间劳作时使用，但是时间久了还是会感觉到疲劳。A款用时间长了有时还会出现磨手的状况，C款剪刀比较重，不适合长时间劳作时使用
9.您觉得这款剪刀携带方便么，安全么？				A、B款剪刀比较轻，携带方便，C款相对笨重，安全性上三款剪刀没有什么太大区别，有试验者提出应该给剪刀设计一个保护套
10.假如您现在需要一把整篱剪，在价格合理的情况下，您会购买这款剪刀吗？				64%的人会购买A款剪刀。 73%的人会购买B款剪刀。 31%的人会购买C款剪刀。 说明B款剪刀的设计最成功，综合起来比较实用

5.2.6 方案完善

根据上述设计评价阶段的分析，找到改善问题点的解决策略，加入评价中被试验者的需求，探讨设计方案变更或改良的策略，最终将设计商品化。图 5-32 所示为最终产品。

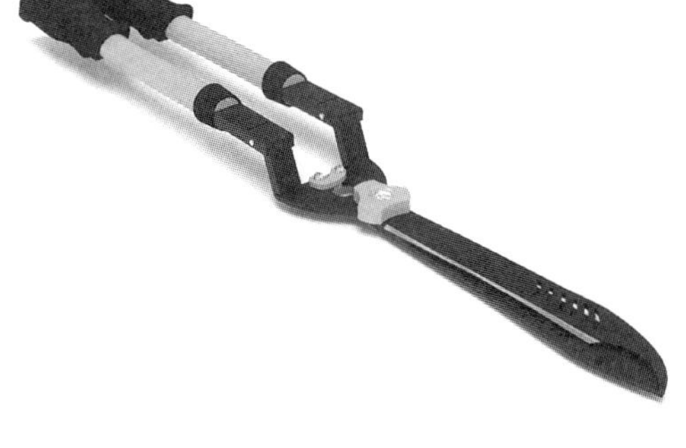

图5-32
最终产品

5.2.7 雷达评价

将改良原型、试验原型与最终设计原型展开用户使用评价，采用雷达评价图的方法可以清晰地看到各类原型产品在通用设计原则方面的实施是否成功。后续的产品改进和完善可以依据此评价图进行二代产品改良与开发的工作（图 5-33）。

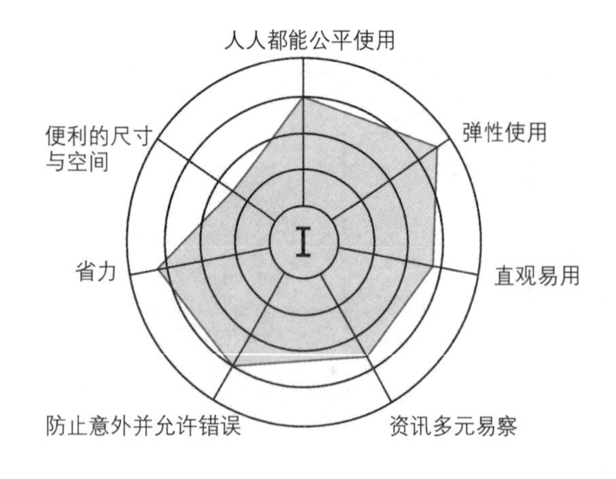

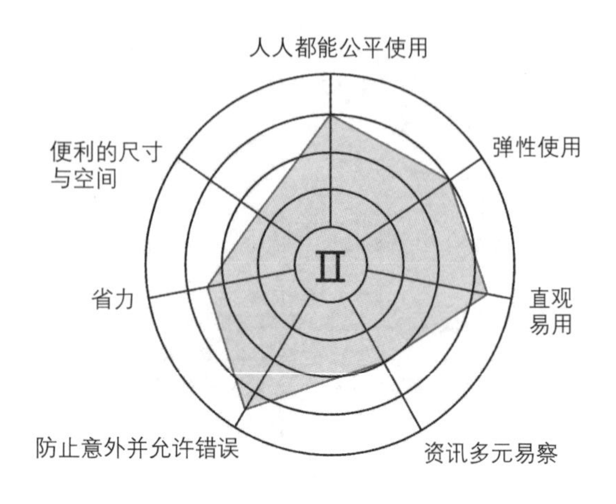

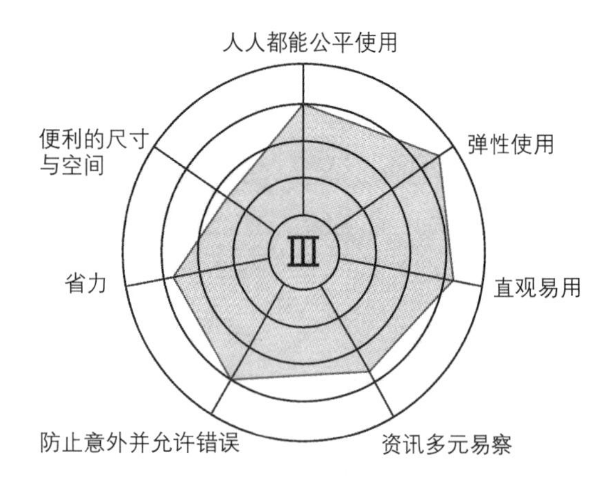

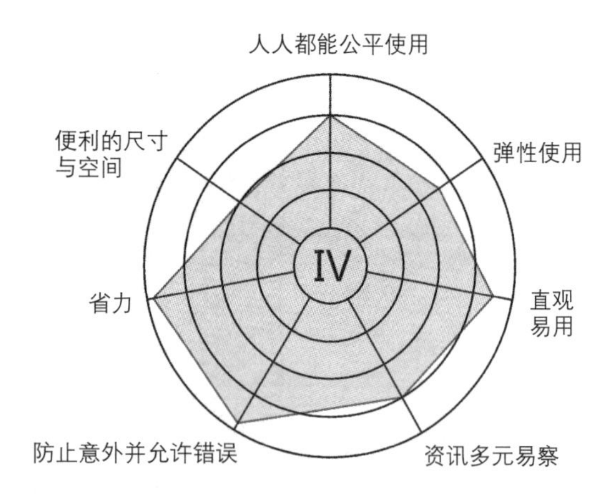

图5-33
雷达评价图

希望更深入地了解“通用设计”的读者，可以到以下网站获得更多有关于全设计的相关资讯和法规解释：

（1）澳大利亚全设计住宅网络（Australian Network for Universal Housing Design – government funded resources portal offered by ANUHD, a national network of housing industry bodies, housing professionals, government professionals, designers & builders, researchers and home occupants）

（2）全设计的数码解释（Digital exhibit on Universal Design Courtesy of the Hagley and Museum and Library）

（3）关于网页全设计的介绍（W3C – Introduction to Web Accessibility）

（4）全设计应用的方法（Applications of Universal Design – DO–IT）

（5）家庭室内设计的全设计应用（AARP Home Design）

（6）美国公众电视频道 PBS 的全设计介绍和举例（Universal

design examples – PBS' Freedom Machines film）

（7）英国设计委员会有关全设计的资讯（Design Council UK's one stop shop information resource on inclusive design）

（8）欧洲设计关于全设计的资讯（European Design for All Accessibility Network Provides access to Special Interest Groups and the ARIADNE resource centre）

（9）关于全设计的教育和培训资料（EDeAN Design for All Education and Training）

（10）EIDO 关于全设计的历史和设计（EIDD website explains the history and philosophy of Design for All）

（11）全设计教育在线（Universal Design Education Online. This site supports educators and students in their teaching and study of universal design）

（12）新加坡无界限设计标准（Singapore's code on Barrier-Free Accessibility）

（13）澳大利亚可接触设计协会资料（Association of Consultants in Australia Governing Body for access）

（14）纽约大学水牛城校区有关全设计的资料（Universal Design Product Collection from the School of Architecture and Planning at the State University of New York at Buffalo）

（15）北卡罗来那州立大学设计教育网址（www.k-state.edu/udguidesite/G10-multimedia.htm）

参考文献

[1] 刘丽文，杨军 . 服务业营运管理 [M]. 五南图书出版公司，2001.

[2] 蔡旺晋，李传房 . 通用设计发展概况与应用之探讨 [J]. 工业设计，2002（107）：284–289.

[3] 康书嫚 . 需求反应式运输营运模式之仿真分析 [D]. 淡江大学运输管理学系硕士论文，2004.

[4] 颜吟芳 . 旅客公共运输服务分类之研讨 [D]. 淡江大学运输管理学系硕士论文，2004.

[5] 张靖 . 需求反应的大众运输服务系统 [Z]. 台北：台北国际无车日系列活动"无车向前行"座谈会议资料，2005.

[6] 杨美玲 . 迎接高龄化消费市场——日本企业大量采用通用设计 [J]. 数字时代，2005（106）:110–111.

[7] 黄群智 . 企业对通用设计产品开发管理之认知研究 [D]. 南华大学管理科学研究所硕士论文，2005.

[8] 中川聪 . 通用设计的教科书 [M]. 第二版 . 龙溪国际图书有限公司，2006.

[9] 余虹仪 . 通用设计案例探讨与应用之研究 [D]. 实践大学工业产品设计研究所硕士论文，2006.

[10] 魏健宏，王稳衡等人 . 台北市复康巴士路线规划问题之研究 [J]. 运输学刊，2007，19（3）:301–332.

[11] 苏静怡 . 导入通用设计理念于行政措施之成效探讨——以日本静冈县为例 [D]. 东海大学工业设计研究所硕士论文，2007.

[12] 余虹仪 . 爱，通用设计：充满爱与关怀的设计概念 [M]. 大块文化，2008.

[13] 中川聪 . 通用设计的法则——从人性出发的设计学 [M]. 博硕文化股份有限公司，2008.

[14] 林佩宁 . 从通用设计观点探讨指针系统设计之研究——以台北地下街为例 [D]. 台北科技大学建筑与都市设计研究所硕士论文，2008.

[15] 邱兆瑜 . 通用设计于服务业之探讨与应用 [D]. 台湾政治大学科技管理研究所硕士论文，2009.

[16] 张学孔，王稳衡等 . 需求反应式公共运输系统整合研究（1/3）[R]. 台湾"交通部"运输研究所与台湾智能型运输系统协会合作专题研究报告，2009.

[17] 张学孔，王稳衡等 . 需求反应式公共运输系统整合研究（2/3）[R]. 台湾"交通部"运输研究所与台湾智能型运输系统协会合作专题研究报告，2010.

[18] 张学孔，陈武正等 .1998 年发展桃园县需求反应运输服务，期中报告书 [R]. 桃园县政府与台湾智能型运输系统协会合作专题研究报告，2010.

[19] 钟志宜 . 需求反应式运输服务牌照管理之研究 [D]. 台湾大学土木工程系硕士论文，2010.

[20] 许耀文 . 应用需求反应式服务于偏远地区公路客运之研究 [D]. 台湾成功大

学交通管理科学系硕士论文，2010.
[21] 陈姿伶 . 从通用设计原则探讨大学无障碍环境之研究——以成功大学为例[D]. 台湾成功大学建筑研究所硕士论文，2010.
[22] Ambrosino G.，Nelson J. Demand Responsive Transport Services: Toward the Flexible Mobility Agency [J]. ENEA，2004.
[23] Anspacher D.，Khattak J. A.，Yim Y. Demand-Responsive Transit Shuttles:Who Will Use Them[Z]? Califorinia PATH Working Paper，2005.
[24] Brake J.，Nelson J.，Wright S. Demand Responsive Transport: Towards the Emergence of a New Market Segment[J]. Journal of Transport Geography，2004（12）: 323-337.
[25] Brake J.，Nelson J.D. A Case Study on Flexible Solutions to Transport Demand in a Deregulated Environment[J] . Journal of Transport Geography，2007（15）:262-273.
[26] Covington G.A.，Hannah B. Access by Design[M]. New York: Van Nostrand Reinhold，1997.
[27] Danford G.S.，Maurer J. Empirical Tests of the Claimed Benefits of Universal Design[M]// Proceedings of the Thirty-sixth Annual International Conference of the Environment Design Research Association. Edmond : Environmental Design Research Association，2005: 123-128.
[28] Demand Responsive Transport[EB/OL] .Retrieved June 8，2010，from the Knowledgebase on Sustainable Urban Land Use and Transport Web:http://www.konsult.leeds.ac.uk.
[29] European Union. Rural Transport Services Handbook[M]. European Union，2002.
[30] FTA. Guidebook for Measuring，Assessing，and Improving Performance of Demand-Response Transportation[Z].Transportation Research Boar，2008.
[31] Georg T. State of Affairs in Universal Design in Europe[J]. Fujitsu Science Technique Journal 41，2005（1）:19-25.
[32] Giorgio A.，Andrea F. The Agency for Flexible Mobility Services "on the move" [Z]. FAMS consortium，2004.
[33] Kayoko Ikeda. Trends toward Universal Design in Japan[J]. Fujitsu Science Technique Journal 41，2005（1）: 31-37.
[34] Kessler D. S. Computer-Aided Scheduling and Dispatch in Demand Responsive Transit Services[Z]. Transportation Research Bord，2004.
[35] Koffman D. Operation Experiences with Flexible Transit Services[Z]. Transporation Research Board，2004.
[36] Lincolnshire County Council.Bus Strategy，2nd Local Transport Plan 2006-2011，Director for Development[Z].Lincoln: Lincolnshire County Council，2006.
[37] Li Y.，Wang J. Design of a Demand-Responsive Transit System[Z]. California PATH Working Paper，2007.

[38] Michelle D. Universal Design: Accessibility for All, Complex Child E-Magazine[EB/OL], 2010. http://articles.complexchild.com/nov2010/00252.html.

[39] Mulley C., Nelson J.D. Flexible Transport Services:A New Market Opportunity for Transport[J] .Research in Transportation Economics, 2009（25）: 39-45.

[40] Preiser W.F. Universal Design: From Policy to Assessment Research and Practice[J]. International Journal of Architectural Research, 2008, 2: 78-93.

[41] Spielperg F., Pratt R.H. Demand Responsive/ADA Traveler Responsive to Transportation System Changes[Z].Transportation Research Board, 2004.

[42] Uchimura K., Takahashi H., SaitohT. Demand Responsive Services in Hierarchical Public Transportation System[J].Vehicular Technology, IEEE Transaction on 51, 2002：760-766.

[43] Woodhouse E., Patton J. Design by Society:Science and Technology Studies and the Social Shaping of Design[J]. Design Issues, 2004, 20（3）: 1-12.

[44] Kumiko Sawada, Eiko Sakayori.The Proposal of Evaluation Tool for Universal Design Development[J]. Human Interface, 2005.

[45] 三菱電機（株）デザイン研究 . こんなデザインが使いやすさを生む——商品開発のためのユーザビリティ評価—[Z]. 工業調査会, 2001.

[46] ユニバーサルデザイン研究会 . ユニバーサルデザイン～超高齢社会に向けたモノづくり～ [Z]. 日本工業出版, 2001.

[47] ユニバーサルデザイン研究会 . 新・ユニバーサルデザイン　ユーザビリティ・アクセシビリティ中心・きのづくりマニユアル [Z]. 日本工業出版, 2005.

[48] 黒須　正明, 伊東　昌子, 時津　倫子 . ユーザ工学入門— 使い勝手を考える・ISO13407 への具体的アプローチ— [M]. 共立出版株式会社, 1999.